Click

ではじめる
ノーコード
開発入門

純国産のノーコードサービスを徹底解説

掌田津耶乃 著

JN064991

Rutles

ノーコードも「日本語」の時代だ！

　「ノーコード革命」が始まって、はや2年ほどになるでしょうか。Google AppSheetの登場によって始まった、アプリ開発の有り様を劇的に変えるノーコードは、今では「開発の一形態」として完全に市民権を得ています。しかしながら私たちの周辺を見ると、「ノーコードの時代」と言えるほどには浸透していないように感じるかもしれません。

　世界の潮流はすでに「ノーコードで作れるものは作ろう」となっているのに、なぜ日本ではノーコードがいまだ馴染みのない状況にあるのか？　その最大の理由は、「日本語で使えない」ことでしょう。

　企業向けの有料契約では以前から日本語に対応したサービスはありましたが、世界中で使われている「誰でも無料で始められるノーコードツール」のほとんどは、いまだ日本語に対応していません。ノーコードはプログラミング言語不要ですが、しかし「英語」という言語は必須なのです。ここに、日本でノーコードが今ひとつ普及していない最大の理由があります。

　開発からサポートまで、すべて日本語でできたなら──そんな誰もが抱いている思いを実現してくれたのが、Click Japanが提供する「Click」です。

　「Click」は、純国産のノーコードサービスです。世界で広く使われているメジャーなノーコードと比べても遜色ないほどに洗練されており、しかも、誰もが無料で開始することができます。Clickの登場により、日本にもようやくノーコードの時代が到来したのです。

　このClickは、とにかく機能が豊富です。データベースを内蔵しており、豊富なUIを使ってアプリを作成できます。ただ、あまりに多くの機能が盛り込まれているため、慣れないうちは使い方がよくわからず悩む人も多いでしょう。

　そこで、Clickの基本的な使い方から実際の開発例まで幅広く解説した入門書を企画しました。データベースやUIの基本的な働きと使い方を覚え、最終的にミニSNSやミニオンラインショップのアプリの開発ができるところまで説明していきます。

　本書を手に、あなたも今すぐノーコード革命に参加しましょう！

2023年5月　掌田津耶乃

C o n t e n t s

Click ではじめるノーコード開発入門

Chapter 1 **Click を使おう** 013

1.1. **Click の準備をしよう** 014

ノーコードの時代の到来！ 014

ノーコードの最後のピースは「日本語」 015

純国産ノーコードの登場！ 016

Click に登録する 019

Click にログインする 021

ツアーアプリを触ってみる 022

ツアーアプリの中身を確認する 024

1.2. **アプリの作成と編集** 027

新しいアプリを作る 027

キャンバスの編集画面について 030

アプリを表示する 033

後は1つ1つの機能を覚えるだけ！ 036

Chapter 2 **データとキャンバス** 037

2.1. **データベースを使おう** 038

Click のデータの扱い 038

データを表示しよう 039

レコードを作成しよう 040

レコードの編集と削除 041

テーブルを作成する 042

項目を追加する 043

「成績表」テーブルを使う 047

レコードのダウンロード 049

レコードのアップロード ……………………………………………… 051

Excel で CSV ファイルを利用する場合 ……………………… 053

Excel でファイルを開く ………………………………………… 054

2.2. **ページとキャンバス** ……………………………………… 057

アプリとページ ……………………………………………………… 057

「レイヤー」でページの構造を確認する ………………………… 058

「ホーム」ページを表示しよう ………………………………… 059

「テキスト」エレメントを表示しよう …………………………… 060

「テキスト」のエレメント設定 …………………………………… 061

「スタイル」タブの設定 …………………………………………… 063

テキストを設定しよう …………………………………………… 067

メッセージ表示テキストを追加する …………………………… 070

ユーザー名を表示させる ………………………………………… 071

3つ目のテキストを作成する …………………………………… 073

現在日時を表示させる …………………………………………… 074

日時のフォーマットを変更する ………………………………… 075

2.3. **Click の設定と管理** ……………………………………… 077

Click に用意されている設定機能 ……………………………… 077

アプリの「設定」について ……………………………………… 079

管理画面ページについて ………………………………………… 081

無料プランか、有料プランか …………………………………… 084

Chapter 3 **入力とアクションのエレメント** …………………… 085

3.1. **ボタンと ClickFlow** …………………………………… 086

ボタンを使おう …………………………………………………… 086

スタイルを調整する ……………………………………………… 088

ClickFlow でページを移動する ………………………………… 089

ボタンの ClickFlow を確認する ……………………………… 091

次のページを作成する …………………………………………… 092

ログイン／ログアウト …………………………………………… 095

「ログアウト」ボタンを作る ………………………………… 096

ログインを行う ……………………………………………… 098

メールを送信する ………………………………………… 100

モーダルページを利用する ………………………………… 102

モーダルを利用する ……………………………………… 104

3.2. 値の入力エレメント ……………………………… 106

「インプット」による値の入力 …………………………… 106

入力した値をテキストに表示する ………………………… 108

Formulaで計算式を使う …………………………………… 109

数値の表示形式を設定する ………………………………… 112

パスワードの入力 …………………………………………… 113

トグルによる入力 …………………………………………… 114

「スイッチ」エレメント …………………………………… 116

「日付入力」エレメント …………………………………… 118

3.3. その他のよく使うエレメント ……………………… 122

シェイプについて ………………………………………… 122

「ファイル入力」エレメント ……………………………… 124

ファイルのURLをメールで送信する …………………… 125

「画像」エレメント ………………………………………… 127

「画像入力」エレメント …………………………………… 129

ナビゲーションの「トップ」 ……………………………… 130

ナビゲーションの「ボトム」 ……………………………… 132

Chapter 4 データの活用 …………………………………… 135

4.1. フォームの利用 ……………………………………… 136

データベースの基本操作 …………………………………… 136

「フォーム」エレメントについて ………………………… 136

フォームにテーブルを設定する …………………………… 138

フォームの項目を設定する ………………………………… 139

値の自動入力 ………………………………………………… 142

フォームでレコードを作成する …………………………… 143

フォームのClickFlow …………………………………………… 144

アカウント登録とフォーム …………………………………… 145

ログインとフォーム ……………………………………………… 146

ログイン関係のClickFlow …………………………………… 147

成績表のページを作る ………………………………………… 148

ホームを修正する ……………………………………………… 151

「次のページ」を修正する …………………………………… 152

4.2. リストによるレコード表示 …………………………………… 155

リストについて ………………………………………………… 155

「ベーシック」の「エレメント」タブ …………………………… 156

アイテムの表示項目を設定する …………………………… 159

並び順を変更する ……………………………………………… 162

フィルターの設定 ……………………………………………… 163

平均点以上のものだけを表示する ………………………… 164

ANDとOR …………………………………………………… 167

レコードを検索する …………………………………………… 169

4.3. レコードの表示・更新・削除 ……………………………… 172

リストからレコードを取り出し処理する ………………… 172

詳細表示ページを作る ………………………………………… 174

テキストを配置する …………………………………………… 175

動作を確認する ………………………………………………… 178

レコードの編集 ………………………………………………… 178

フォームを配置する …………………………………………… 180

プレビューで動作を確認する ……………………………… 182

レコードの削除 ………………………………………………… 183

動作を確認する ………………………………………………… 186

CRUDはデータアクセスの基本 …………………………… 186

4.4. その他のリストエレメント ………………………………… 187

「カード」エレメントについて ……………………………… 187

「Users」テーブルを修正する ……………………………… 187

画像を保存してみる …………………………………………… 189

アカウント登録の修正を行う ……………………………………… 190

カード表示用のページを作る ……………………………………… 192

「カード」エレメントを作成する ……………………………… 193

カードの項目を設定する ……………………………………… 195

動作を確認する ……………………………………………… 196

「カスタム」によるリスト表示 ……………………………… 198

カスタムのエレメントについて ……………………………… 200

エレメントを作成する ………………………………………… 201

ClickFlow を作成する ………………………………………… 205

「カスタム」はアイデア次第 …………………………………… 208

Chapter 5　高度なエレメントの利用 ………………… 209

5.1.　バーコード ………………………………… 210

バーコードを利用する …………………………………………… 210

新しいアプリを用意する ………………………………………… 210

バーコード用のページを準備する …………………………… 211

「バーコードスキャナー」エレメントを使う ……………… 214

動作を確認する ……………………………………………… 215

「バーコード作成」エレメントを使う ……………………… 217

5.2.　カレンダーの利用 …………………………… 220

日時の値とカレンダー …………………………………………… 220

「予定」テーブルを作る ………………………………………… 220

「予定表」ページを作成する …………………………………… 223

「カレンダー」エレメントを作成する ……………………… 225

「カレンダー」項目の設定 ……………………………………… 226

選択日のオプション ……………………………………………… 228

予定表ビュー ……………………………………………………… 228

プレビューで動作を確認する ………………………………… 229

イベントの内容を表示する …………………………………… 230

カレンダーから直接モーダルを開く ………………………… 233

5.3. Youtubeの利用 ･･････････････････････ 235
Youtubeを利用する準備 ･････････････････ 235
Youtubeを利用する ･･････････････････････ 237
動作を確認する ･･･････････････････････････ 238

5.4. Googleマップの利用 ･･･････････････････ 241
「マップ」によるGoogleマップの利用 ･････ 241
Google Cloud Platformを利用する ･････ 241
Google Maps Platformを利用する ･･････ 245
「マップ」エレメントを使う ･･･････････････ 247
「マップ」エレメントを利用する ･･･････････ 249
緯度経度で表示位置を指定する ･････････････ 252
テーブルを使ったピンの管理 ･･････････････ 253
マップを修正する ･････････････････････････ 255
マーカーをクリックしたときの処理 ･････････ 256
マップスタイルを利用する ･･･････････････ 258
スタイルデータをマップに設定する ･･･････ 260

5.5. Stripeによる決済処理 ･･････････････････ 262
StripeとUnivaPay ･･････････････････････ 262
「ペイメント」エレメントを利用する ･･･････ 264
Stripeの使用を開始する ･･････････････････ 266
Stripeアカウントを登録する ･････････････ 267
テストモードの設定 ･･･････････････････････ 272
Stripeで支払いをする ･･･････････････････ 274
動作を確認する ･･･････････････････････････ 275
支払い後の処理について ･･････････････････ 276

Chapter 6 より高度なデータ処理 ･･････････････ 277

6.1. テーブルの連携 ･････････････････････････ 278
複数テーブルを連携する ･･････････････････ 278
Userと成績表を連携する ･････････････････ 281

「成績表」ページを修正する …………………………… 284

「Users」テーブルはどうなった？ …………………………… 286

「大学」テーブルを作る …………………………… 287

Usersと大学を連携する …………………………… 289

「大学」テーブルはどうなった？ …………………………… 290

複数レコードの値の表示 …………………………… 291

「タグリスト」を活用する …………………………… 292

表示を確認する …………………………… 294

6.2.　データの値を活用する …………………………… 296

レコードの一部の値を更新する …………………………… 296

トグルをONにするClickFlowを作る …………………………… 297

統計関数を使う …………………………… 300

計算式（Formula）を利用する …………………………… 302

計算式で利用可能な関数 …………………………… 306

計算式は「四則演算」から！ …………………………… 307

6.3.　APIによる外部データベースの利用 …………………………… 308

外部サービスと連携する２つの手段 …………………………… 308

外部データベースとREST …………………………… 308

COVID-19データを外部データベースとして使う …………………………… 309

外部データベースを追加する …………………………… 311

COVIDテーブルの内容 …………………………… 315

「COVID」ページを作る …………………………… 316

ベーシックでCOVIDデータを表示する …………………………… 317

プレビューで表示を確認する …………………………… 319

6.4.　カスタムClickFlowによるAPIの利用 …………………………… 320

カスタムClickFlowで郵便番号検索を行う …………………………… 320

新しいページを用意する …………………………… 321

カスタムClickFlowを作成する …………………………… 323

変数を使ってパラメータを送信する …………………………… 326

「郵便番号検索」ClickFlowを利用する …………………………… 328

動作を確認する ……………………………………………… 330

Rapid APIを利用する ……………………………………… 331

Google Translate を利用する ……………………………… 333

「翻訳」ページを作る ………………………………………… 336

Rapid API によるカスタム ClickFlow の作成 …………… 338

カスタム ClickFlow を利用する …………………………… 341

動作を確認する ……………………………………………… 343

API はアイデア次第！ ……………………………………… 344

Chapter 7　アプリ開発の実際 ……………………………… 345

7.1.　メッセージ投稿アプリ ……………………………… 346

メッセージ投稿アプリについて …………………………… 346

新しいアプリを作る ………………………………………… 348

「投稿」テーブルを作る ……………………………………… 349

「コメント」テーブルを作る ………………………………… 352

「Users」テーブルを修正する ……………………………… 355

「ホーム」に投稿リストを表示する ……………………… 356

「いいね」を作る ……………………………………………… 359

「いいね」の ClickFlow を作成する ……………………… 362

「投稿」ページを作る ………………………………………… 364

「投稿内容」ページを作る …………………………………… 368

コメントの表示を作成する ………………………………… 371

コメント投稿ダイアログの作成 …………………………… 372

「いいね」した人を一覧表示する ………………………… 375

「お気に入り」ページを作る ………………………………… 376

連携するテーブルの利用がポイント ……………………… 379

7.2.　ミニオンラインショップ ………………………… 380

オンラインショップアプリについて ……………………… 380

「Users」テーブルの修正 …………………………………… 382

「商品」テーブルの作成 ……………………………………… 384

「注文」テーブルの作成 ……………………………………………… 385

「Users」にカートを追加する …………………………………………… 387

「アカウント登録」のフォーム修正 ……………………………………… 388

「ホーム」を作成する …………………………………………………… 391

「商品情報」ページを作る ……………………………………………… 394

「カートに入れる」ボタンの作成 ………………………………………… 396

「カート」ページの作成 ………………………………………………… 398

「ベーシック」でカートの商品を表示する ……………………………… 399

ホームからカートに移動する …………………………………………… 402

カートに「支払う」を追加する …………………………………………… 403

決済の処理を作成する ………………………………………………… 405

注文履歴を作る ………………………………………………………… 408

注文内容を作る ………………………………………………………… 410

これより先は？ ………………………………………………………… 411

アプリ作成に慣れたらオリジナルに挑戦！ …………………………… 412

索引 ………………………………………………………………… 413

Chapter 1

Clickを使おう

純国産のノーコードサービス「Click」を使ってみましょう。
ここではアカウントを登録し、新たにアプリを作って動かすところまで行ってみます。
編集画面の基本的な役割などもここで頭に入れておきましょう。

1.1.

Clickの準備をしよう

ノーコードの時代の到来！

ここ数年の間に、開発の世界には大きな変化がありました。それは「ノーコードの登場と浸透」です。

ノーコードは、まったくコードを書くことなくアプリを開発する新しいツールです。これはかなり以前から登場はしていたのですが、できることもあまり多くなく、また使い勝手もあまり良くなかったり、動作速度や費用の面で魅力的でなかったためか、それほど知られてはいませんでした。それがここ数年の間に急激に広まり、社会的にも認知されるようになりつつあります。

なぜ、近年これほどまでに急速にノーコードが広がっていったのか。その理由を考えてみましょう。

大手が参入した

もっとも大きな理由はこれでしょう。Googleが「AppSheet」というノーコードサービスを買収し、Googleのサービスの一員として公開したのは事件でした。何しろ、それまでGoogleは自社製の同種のサービスを運営していたのですから。それを終了し、AppSheetに賭けることにしたことからも、Googleのノーコードに賭ける意気込みが伝わってきます。

また、AWSでクラウドサービスで大きな存在感を示すAmazonも「Honeycode」というノーコードサービスをスタートさせています。こちらはまだベータの段階ですが、正式リリースされればかなり注目されることになるでしょう。

このように、GoogleとAmazonというIT界の巨人がノーコードに参入したことは、この分野を大きく活性化することになりました。この他、マイクロソフトもノーコードとは少し違うローコードのツール「Power Apps」を展開し、必要最小限のコーディングでアプリ開発を行えるような環境を整えています。ノーコードはもはやマイナーな分野ではなく、開発のメインステージに立っているのです。

無料で試せるサービスの拡充

それまでのノーコードサービスは基本的に企業向けのものであり、契約して月々の料金を支払って運用するのが基本でした。非常にクローズドなサービスであり、あまり表に情報が出てくることもなかった、ということはあるでしょう。このため、ノーコードの存在自体があまり知られていませんでした。

それが近年になって「無料で使えるノーコード」が次々と登場しました。これらは企業に向けたものではあっても、それまでのように囲い込んで収益をあげようというアプローチは取らず、誰でも自由に利用できるようにすることで利用者を増やし、結果的に収益が上がる、というスタンスを取っています。

　こうした「誰でも無料で開始できるサービス」の普及により、ノーコードが急速に一般化したことは確か
でしょう。前述のGoogle AppSheetもAmazon Honeycodeも無料で開始することができ、それが人気
につながっています。

Webアプリの一般化

　こうしたわかりやすい要因の他に、技術の進歩により「Webベースの技術によるアプリ開発が一般的に
なってきた」ということも大きいでしょう。

　最近のノーコードはWebベースのサービスとして提供されています。これらの多くはアプリ自体もWeb
ベースで作られています。アプリを開発できるものも、アプリ内でWebの技術を使ってUIが作られ、処理
が実行されていることが多いのです。

　少し前ならば、Webベースのアプリは「動作が遅い」「機能が限定されている」などの欠点を抱えていまし
たが、現在ではそうした事は殆ど気にならなくなっています。実際、スマホのアプリでもPCのアプリでも、
最近ではWebベースの技術を使って開発されているものが増えています。

　こうした状況が、Webベースで開発を行うノーコードの参入をしやすくしているのは確かでしょう。

ノーコードの最後のピースは「日本語」

　これら諸々の要因により、ノーコードは急速に広まってきています。ただ、日本に関する限り、米国など
の状況と比べるとやや熱量が低い状態にあるのも確かでしょう。なぜ米国ほど当たり前に誰でもノーコード
を利用するような状況に至っていないのか。それは米国と違い、日本においてはノーコードの普及を阻害す
る要因が1つだけ残されているからです。

　それは「日本語」です。

　急速に利用者を増やし、ノーコードを牽引しているGoogleのAppSheet。これは未だに英語のみで、日
本語化されてはいません。米国で大きなシェアを持つノーコードのサービス(「Bubble」「Adalo」「Glide」と
いったもの)もすべて英語のみで日本語化はされていません。米国発のインターネットサービスは多数あり
ますが、それらが日本で普及するためには「日本語化」は必須です。英語のままでは、日本での普及は限定
的となるでしょう。

　また、外国のサービスはデータを保管しているデータセンターなどもすべて外国に用意されるため、セ
キュリティなどの面で不安だ、という人も多いでしょう。さらには、何かあったときも海外のサポートとや
り取りしなければなりませんし、有料のサポートサービス等があっても、海外の人では日本の事情もわから
ないだろう……と思ってしまうかもしれません。

　日本でノーコードが本当に普及するためには、日本で日本語によるサービスとサポートが必要です。例え
ばAmazonやGoogleが日本でこれだけ普及しているのも、日本に支社を作り、すべてのサービスを日本
語で提供し、日本語による厚いサポートを行っているからでしょう。多くの日本人にとって「英語で利用す
る」という障壁は思いの外に高いのですから。

純国産ノーコードの登場!

　ノーコードが知られるようになり着実に浸透しつつある、けれど最後のピースである「日本語」が欠けているために、あと一歩のところで爆発的に普及するまでに至れない。この状況を打破するには、日本人のための日本製のノーコードの登場を待つ必要がありました。

　そして2021年。ようやく純国産のノーコードサービスが登場しました。それがClick Japanによる「Click」です。もちろん、それ以前にも日本製のノーコードサービスはありましたが、前述したようにその多くは企業向けのクローズドな有料サービスであり、「誰でもその場でサインインするだけで無料で開始できる」というようなものではありませんでした。

　Clickは、おそらく初めての「誰でもサインインすれば無料で開始できる純国産ノーコードサービス」と言えるでしょう。もちろん無料ですべて使えるというわけではなく、機能はある程度制限されており、完全に使えるようにするには有料プランにする必要があります。けれど、とりあえず基本的なアプリを作って利用するだけなら無料プランで十分です。実際にタダで使ってみて、本格的に導入しようと思ったら有料プランにすればいいだけです。制約はあっても、「タダで誰でもすぐにスタートできる」という利点は非常に大きいでしょう。

　このClickは、以下のURLで公開されています。

https://click.dev/

図1-1：ClickのWebサイト。

Clickとはどういうもの?

　では、この「Click」というノーコードサービスはどういうものなのでしょうか? 簡単に特徴を整理しましょう。

純国産のノーコードサービス

　すでに述べたように、Clickは純国産のサービスです。日本製ということは、サポート等もすべて日本で行っているということです。日本人にとっては、「すべて日本語」は何よりのサービスでしょう。

基本はWebアプリ

　Clickで作成できるのはWebアプリです。作成するとアプリにURLが割り当てられ、そこにアクセスして使えるようになります。また、QRコードでスマートフォンからアクセスすることもできます。

　もちろん、ネイティブなアプリが作れないわけではありません。有料プランではネイティブアプリの開発もサポートしています。「無料枠ではWebアプリのみ」ということです。

プログラミングの知識は不要

　ノーコードは、基本的にプログラミングをしません。したがって、プログラミング関係の知識は一切不要です。ただし、まったく何の知識も不要というわけではありません。初歩的なデータベースの知識（Excelなどでデータを管理できる程度）は必要です。また、外部のAPIと連携するようになると、やはり多少のプログラミングの知識が必要となることはあります。

　「アプリ開発の基本部分については、プログラミングの知識は不要」ということです。

無料から有料まで複数のプラン

　Clickの大きな特徴として、「無料プランがある」という点が挙げられます。無料の場合、制限される機能もありますが、アプリ開発の基本部分（利用可能なUI部品やデータベース機能など）は一通り無料でも使えるので、まずは無料でスタートできます。実際に業務で利用する場合も、運用コストはそれほど高くはありません。Clickではいくつかの有料プランを用意しており、データ数がそれほど多くなければ月当たり1500円程度から始められます。

起業家サポート有り

　Click Japanでは、起業家に向けて事業の進捗に合わせたテクニカルサポートを行っています。新しい事業を始めたいけど自分でアプリ開発できるかわからない、という人でもサポートを受けてアプリ公開まで進めていくことができます。実際に、サポートにより起業に成功した事例も出てきています。

企業も、起業も!

　Clickのサービスがユニークなのは既存の企業だけでなく、これから起業を考えているユーザもターゲットとしている点でしょう。

　既存の企業にとってはDX（Digital Transformation）が叫ばれる昨今、多くの日常的な業務をアプリ化しどこからでもアクセスできるようにしたい、と思っているところは多いはずです。以前ならば細々とした業務まですべて外注でアプリ開発しようものなら莫大な費用が発生していたでしょう。しかしClickを導入すれば、自力で業務をアプリ化できます。

　また、「こういう事業を始めたい」というアイデアだけはあっても開発の技術はない、あるいは発注する費用の工面も難しい、と悩んでいる人にとって、Clickのようなノーコード開発サービスの登場はまさに天啓といってもいいでしょう。「プログラミングなどまるでわからない」という人でも、Clickならばアプリの開発は十分可能ですから。

どんなものが作れる?

　Clickはノーコードですから、あまり複雑な処理を必要とするものは作れません。では、どういう物が作れるのか。端的に表すなら、こういうものです。

　「データにアクセスし、データの表示やデータの更新（新規作成・編集・削除など）を行うもの」

　そう、Clickが作成するのは基本的に「データを操作するアプリ」です。Clickにはデータを管理するデータベース機能があり、そこにアクセスしてデータを操作するための機能が一通り用意されています。

それ以外の機能もないわけではありません。例えば必要に応じてメールを送信したり、外部のAPIと連携して呼び出したりする機能も用意はされています。しかし、基本的にそれらは「データを操作する」という機能に付け足しをする程度と考えてください。

これはClickの問題というより、ノーコード全般の問題です。すなわち、「簡単さを取るか、高機能を取るか」という問題なのです。

ノーコードは、「いかに簡単に必要なデータを操作するアプリを作るか」ということに特化したツールです。ですから、データ操作以外の機能はほとんど用意されていないのです。もし、「もっと複雑で高度なことをしたい」というのであれば、もっと複雑で高度な開発ツールを使うべきでしょう。

無料と有料の違い

Clickでは、無料から有料までいくつかのプランを用意しています。まずは無料プランでClickを試してみて、気に入ったら有料プランに移行する、と考えておけばいいでしょう。

では、無料プランではどういうことができてどういう制約があるのか、簡単にまとめておきましょう。

- 作れるアプリの数、利用可能なUI部品（エレメント）については、無料プランも有料プランも違いはありません。Clickでは作れるアプリ数に制限はありませんし、新しいUIなどが登場した場合も基本的にはすべてのプランで利用できるようになります。
- データベースのレコード数は、アプリあたり最大100までしか使えません。おそらく実用的なものを作ろうとしたら、これが最大のネックとなるでしょう。100までということは、「サンプルデータ程度なら動かせる」ということです。試しに作ってみて動かすぐらいはこれで十分可能です。
- ユーザーに割り当てられる容量はアプリごとに最大100MBまでです。100MBというと意外に大きいように感じるでしょうが、例えば画像データなどを扱うようになれば、あっという間に消費してしまいます。大きなデータを扱わないなら十分な容量、と考えておきましょう。
- ネイティブアプリの作成は無料プランでは行えません。「Earlier」プラン（月当たり4980円）以上でのみサポートとなります。ネイティブアプリがサポートになると、アプリストアなどで公開し配布できるようになります。

無料プランの最大の制限は、「データベースのレコード数が最大100まで」という点でしょう。データを蓄積するタイプのものは有料プランでしか作れません。また、ネイティブアプリの開発をしたい場合も有料プランにする必要があります。

逆に言えば、こうしたことが重要でないなら、無料プランで十分使えることになります。本格的にアプリ開発を行おうと思った場合でも、まずは無料プランでダミーデータを使って開発を行い、ほぼ完成して公開する際に有料プランに切り替える、ということができます。

まずは無料で使ってみましょう。実際に使ってみればClickがどういうものか、どの程度使えるのかがわかってきますから。その上で、本格的に開発して有料プランにしていくべきか考えればいいでしょう。

Clickに登録する

　では、実際にClickを利用してみましょう。Clickを使うにはアカウントの登録が必要です。以下の手順に従って作業しましょう。

　なお、ClickはWebベースで提供されており、サービスは随時更新されています。このため、みなさんが利用する際には表示や手順などが変わっている場合もあるでしょう。けれど細かな点は変わっていても、基本的な内容はだいたい同じはずですから、慌てずに内容をよく確認しながら作業を進めてください。

1. Webにアクセス

　まずは、ClickのWebサイトにアクセスしてください (https://click.dev)。そして、右上にある「無料で始める」ボタンをクリックします。

図1-2：Webページにある「無料で始める」
ボタンをクリックする。

2. 新規登録

　画面に「新規登録」というパネルが表れます。ここでメールアドレスとパスワード (2ヶ所、同じものを入力) を記入します。注意してほしいのはパスワードです。すべて半角文字で、必ずアルファベットの大文字と小文字、数字を含むものにしてください。入力したら、「新規登録」ボタンをクリックします。

図1-3：メールアドレスとパスワードを入力
する。

3. 仮登録完了

　画面に「仮登録完了」という表示が現れます。新規登録で入力した
メールアドレスにClickからメールが届きます。これを確認してくだ
さい。

図1-4：この表示が表れたらメールを確認
する。

4. アカウント登録のご案内

　Clickから「アカウント登録の
ご案内」というタイトルのメー
ルが届いています。このメール
を開き、メールにある「Clickの
登録を完了する」というボタン
をクリックします。

図1-5：届いたメールにあるボタンをクリックする。

5. アクティベート完了

　メールのボタンをクリックするとWebページが開かれ、「アクティ
ベート完了」という表示が現れます。これで、登録が完了しました。
パネルにある「ログインへ進む」ボタンをクリックしてログインをし
ましょう。

図1-6：登録が完了した。

Clickにログインする

「ログイン」ボタンをクリックするとそのままClickにログインし、画面に表示が現れます。もし登録完了のページを閉じてしまっている人がいたなら、Clickのサイトに再度アクセスし、右上にある「ログイン」ボタンをクリックしてログインしましょう。

ログイン画面では、メールアドレスとパスワードを入力するフォームが表れます。先ほど登録したメールアドレスとパスワードを入力し、「ログイン」ボタンをクリックすればログインできます。

図1-7：ログイン画面ではメールアドレスとパスワードを入力する。

利用目的の送信

初めてログインしたときには、画面に「Clickの利用目的を教えてください」という表示が現れるでしょう。ここで自分の利用目的、職業、開発経験などについて自分が当てはまるものをクリックして選び、「送信」ボタンで送信してください。

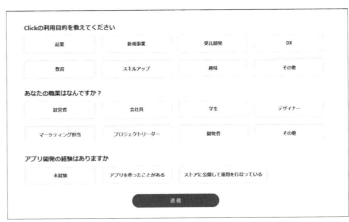

図1-8：利用目的、職業、開発経験などを選んで送信する。

ようこそClickへ!

　続いて、画面に「ようこそClickへ」という表示が現れます。Clickの簡単な紹介になります。上部に見える「スキップ」をクリックすれば表示をスキップできますが、「次へ」ボタンで一通り目を通しておくとよいでしょう。

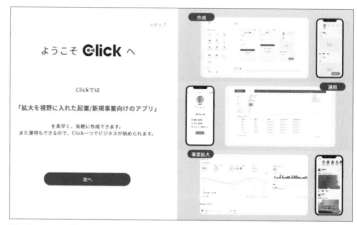

図1-9：Clickの簡単な紹介が表示される。

ツアーアプリを触ってみる

　一通りの紹介が終わると、「QRコードを読み込んでアプリを実際に触ってみよう」という表示が表れます。これは、Clickに用意されているツアーアプリです。ツアーアプリを触ることで、Clickのアプリがどういうものか実際に経験できるようになっているのですね。

　では、スマートフォンでQRコードを読み込んでください。

図1-10：表示されたQRコードをスマートフォンで読み込む。

シンプルなメッセージの投稿アプリの画面が表れます。いくつかの投稿が表示されているのがわかるでしょう。これがサンプルとして用意されているアプリです。単純ですが、Clickを使えばこうしたアプリを簡単に作れるのです。

図1-11：ツアーアプリが開かれる。

「投稿する」ボタンをクリックすると、投稿フォームの表示に切り替わります。ここで「写真の選択」と表示されたところをクリックすると、カメラで撮影をしたりスマホ内にあるイメージファイルを選んでイメージを設定できます。そしてメッセージを入力し、「投稿する」ボタンをクリックすれば投稿できます。

図1-12：投稿フォーム。イメージを選択し、メッセージを入力して投稿する。

投稿するとフォームから元の画面に戻り、投稿したメッセージが一番上に表示されます。ただ表示をしているだけでなく、ちゃんとメッセージの投稿が機能していることがわかるでしょう。

ただし、できるのはこれだけです。投稿にはコメントが表示されますが、これらはダミーで用意されたもので、実際にコメントを付けたりはできません。また、大勢のユーザの表示もダミーとして用意されているだけで、実際にアカウント登録したりログインする機能もありません。あくまで、「こんなアプリが作れる」というサンプルと考えてください。

図1-13：戻ると投稿したメッセージが追加されている。

ツアーアプリの中身を確認する

では、PCのWebブラウザで開いているClickの画面に戻りましょう。まだClickの説明などが表示されている場合は「次へ」ボタンで表示を進めてください。スマートフォンで操作したツアーアプリは、Clickで作られています。Clickの紹介を先に進めていき紹介のパネルが消えると、Clickの開発画面が表れ、ツアーアプリが開かれた状態になります。

画面の左側には小さなアイコンがズラッと並んだ表示があり、右側にはアプリ画面のデザインが見えていることでしょう。開発画面の基本的な使い方は後で説明しますが、これが開発の基本画面になります。用意したページに左側にある部品を配置して開発をしていくのですね。

中央上部には「データを見てみよう」という吹き出しが表示されているでしょう。これは、ツアーのヒントとなるものです。吹き出しの部分には「キャンバス」「データ」という切り替えスイッチのようなものが見えるでしょう。現在は「キャンバス」が選択されています。

では「データ」をクリックし、表示を切り替えてみましょう。

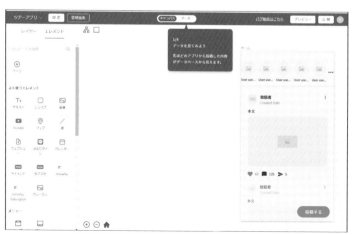

図1-14：ツアーアプリのキャンバス画面。中央にある「データ」をクリックする。

データベースを確認する

　表示が切り替わり、左側に「データベース」という表示が現れます。これは、アプリで使うデータベースの編集画面です。左側の上部には「投稿」「Users」という項目が見えるでしょう。これが、ツアーアプリに用意されているデータベースです。

図1-15：データベースに切り替わり、「投稿」「Users」という項目が表示される。

　では、「投稿」という項目をクリックしてみましょう。右側にデータベースのレコード（保存されている各データ）が一覧表示されます。これらのデータを元に、アプリで投稿を表示していたのですね。

図1-16：「投稿」をクリックするとレコードが表示される。

　再び、中央上部に見える「キャンバス」「データ」の切り替えから、「キャンバス」をクリックして元の表示に戻りましょう。

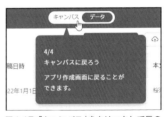

図1-17：「キャンバス」をクリックして元の表示に戻る。

　再びキャンバス画面となり、右下のヘルプアイコンに吹き出しが表示されます。そのまま、吹き出しにある「次へ」ボタンをクリックしてみましょう。

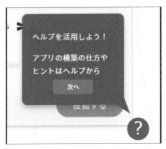

図1-18：ヘルプにある「次へ」ボタンをクリックする。

　「あなたのアプリを作っていこう」というパネルが現れます。ここにある「新規アプリ作成」をクリックすれば、新しくアプリを作成できます。

図1-19：ヘルプのパネルから「新規アプリ作成」を選ぶ。

ツアーアプリで「感じ」をつかむ

　とりあえず、ツアーアプリでの学習はここまでです。ツアーアプリは具体的な開発の学習をするというより、「Clickというものがどんなものか、全体の感じをつかむもの」といっていいでしょう。

　「キャンバス」と「データ」があり、この2つの画面を行き来しながらデータを入力したり、画面に部品を配置してデザインしたりしていく。Clickの開発はそんな流れで進めていきます。この基本的な流れ、「Clickはどんな感じのツールなのか」がなんとなくわかったら、ツアーアプリの役目は終わりです。

　それでは、実際に自分でアプリを作ることにしましょう！

1.2.

アプリの作成と編集

新しいアプリを作る

　ツアーアプリを利用していたなら、最後に「あなたのアプリを作っていこう！」と表示された画面になっていますね？　では、ここに表示されている「新規アプリ作成」をクリックしてください。新しいアプリを作成するためのパネルが現れます。

　パネルには、「今からつくるプロジェクトはどちらですか？」と表示が現れます。ここには、「検証用」と「本番用」の2つが用意されています。

　「検証用」は、実際にリリースするのではなく動作確認や学習用に作るアプリのことです。実際にリリースして使う場合は「本番用」を選びます。機能的には変わりないので、どちらを選んでもかまいません。

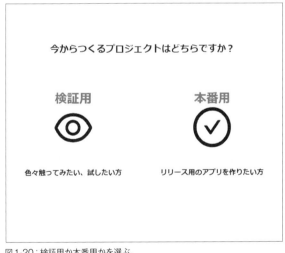

図1-20：検証用か本番用かを選ぶ。

　続いて、下の「情報を入力してください」というところをクリックします。アプリ名を入力する項目が表れます。

ここで、「サンプルアプリ」と入力して「作成」ボタンをクリックしましょう。新しいアプリが作られます。

なお、「本番用」を選んだ場合は、この他にアイコンとアプリの説明を入力する項目が現れます。これらはデフォルトのままにしておいてかまいません。

図1-21：アプリ名を入力し、「作成」ボタンをクリックする。

一からアプリを作るには

もし、ツアーアプリを利用しておらず、Clickで新しいアプリを一から作りたいという場合は、Clickのホーム画面を開きます。これは以下のURLになります。

https://app.click.dev/projects

このホーム画面は、作成するアプリのプロジェクトを管理するためのものです。ツアーアプリを使った人は、ここに「ツアーアプリ」という項目が表示されているでしょう。これがツアーアプリのプロジェクトです。新しいアプリを作る場合、この画面の上部にある「新しいアプリを作ろう」というリンクをクリックします。

図1-22：Clickのホーム画面。「新しいアプリを作ろう」をクリックする。

「今からつくるアプリはどちらですか？」という表示が現れます。これは先ほども説明しましたが、試しに作ってみるのか、実際に利用するものかを選ぶものです。どちらを選んでもかまいません。

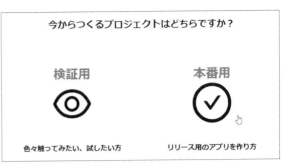

図1-23：検証用か本番用かを選ぶ。

アプリのアイコン、アプリ名、アプリの説明といったものを入力するパネルが表れます（検証用の場合はアプリ名のみ表示されます）。アプリの名前を「サンプルアプリ」と入力しておきます。アイコンや説明文などは省略してかまいません。

図1-24：アプリ名を「サンプルアプリ」と入力する。

本番用を選んだ場合は、下の「詳細設定」をクリックしてください。アプリの設定が現れるので、ここでアプリのデータベースの使用（「いいえ」を選択）、デバイス（「iOS/android」を選択）、メンバー（共同開発者、デフォルトのままでOK）を設定し、「作成」ボタンをクリックします。

図1-25：アプリの詳細設定を行う。

編集アプリを切り替える

アプリを作成したら編集画面が表れ、アプリの編集作業を行えるようになりますが、中には違うアプリが開かれてしまった人もいることでしょう。例えば最初に作られたツアーアプリを開いてしまった、という人もいるに違いありません。

編集するアプリは、いつでも切り替えることができます。画面の左上にアプリ名が表示されていますが、この部分にマウスポインタを移動しましょう。メニューがプルダウンし、自分が作成しているアプリの一覧が表示されます。ここから編集したいアプリを選択すれば、そのアプリの編集画面に切り替わります。「Home」を選ぶと、ホーム画面に戻ることができます。

図1-26：アプリ名の部分では自分が作成したアプリがプルダウンメニューとして表示される。

キャンバスの編集画面について

さて、ようやく新しいアプリが作成され、その編集画面が表れました。この画面は「キャンバス」と呼ばれます。Clickには「キャンバス」と「データ」の2つの編集画面があり、両者を切り替えながら開発を進めていきます。ツアーアプリを使ったときに、両者の表示の切り替えを行いましたね。中央上部にある「キャンバス」「データ」の切り替え表示を使って両者を切り替えることができました。

では、開発画面について説明しましょう。まずはキャンバスの編集画面からです。これはアプリのUIを作成するためのものです。

キャンバスは、大きく2つに表示が分かれています。左側の縦長のエリアと、それ以外の広いエリアです。この2つのエリアもそれぞれに2つの表示を持っており、それらを切り替えながら操作していきます。

図1-27：キャンバスの編集画面。左側の縦長エリアとそれ以外のエリアからなる。

「エレメントタブ」について

それぞれのエリアについて見ていきましょう。まずは、左側のエリアからです。デフォルトでは、ここにはたくさんのアイコンがズラッと並んでいるでしょう。

上部には、「レイヤー」「エレメント」という切り替えタブが表示されています。デフォルトでは、この内の「エレメント」というタブが選択されています。アイコンがズラッと表示されているのは、この「エレメント」の表示だったのですね。

エレメントというのは、Clickに用意されているUI部品のことです。Clickでは、エレメントを部品として画面上に配置してUIを作成していきます。ここに用意されているのが、Clickで使えるUIの部品なのです。

図1-28:「エレメント」にはUIの部品が用意されている。

「レイヤータブ」について

上部の切り替えタブから「レイヤー」をクリックしてみましょう。表示が変わります。「ログイン」「ホーム」「アカウント登録」といった項目がリスト表示されているでしょう。これが、レイヤータブの表示です。

これらはアプリに用意されている「ページ」です。Clickでは、画面表示をページとして作成します。さまざまなページを用意し、必要に応じてページを行き来しながらアプリを操作するようになっているのです。

この「レイヤー」は、ページを管理するためのものです。表示されている3つの項目は、デフォルトで用意されているページなのです。これらの項目をクリックすると展開表示され、その中にあった項目が表れます。これはページに組み込まれているエレメント(UIの部品)です。ページにどのようなエレメントが組み込まれているのかがこれでわかります。

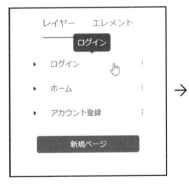 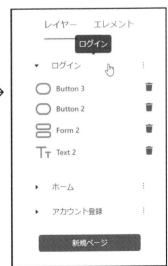

図1-29:「レイヤー」はページをリスト表示する。クリックすると、そのページにあるエレメントが表示される。

「複数ページビュー」について

　続いて、中央から右画にかけての広いエリアについてです。これはページビューと呼ばれるエリアで、ページをデザインするためのところです。

　このエリアの左上には2つのアイコンが用意されています。ページデザインの表示を切り替えるためのもので、デフォルトでは左側のアイコンが選択された状態になっています。これは「複数ページビュー」のアイコンです。

　複数ページビューでは、用意されているページがすべて表示されています。それぞれのページ間のリンクの状況が線で結ばれて表示され、各ページの関係がわかるようになっています。

　各ページの配置はClickによって自動的に行われます。ページの数が増えると一度に表示しきれなくなりますが、このような場合は矢印キーを使って表示場所を上下左右に移動していくことができます。

図1-30：複数ページビューでは作ったページがすべて表示される。

「1ページビュー」について

　ページビューの左上にあるアイコンのうち、右側のものをクリックしてみましょう。これは1つのビューだけを表示するものです。

　これを選択すると、アイコンの右側にプルダウンメニューが表示されるようになります。ここで表示するページを選び、表示を切り替えることができます。

図1-31：1ページビューでは、メニューから表示するページを切り替える。

表示の拡大縮小

　ページビューの表示は、そのままでは使いにくいこともあります。たくさんのページを縮小して俯瞰的に見たいこともあるし、拡大して細かく配置を調整したいこともあるはずです。

　ページビューの左下には「＋」「－」というアイコンがあり、これをクリックして表示を拡大縮小できます。ホーム（家のアイコン）をクリックすると、表示位置と倍率が初期状態に戻ります。

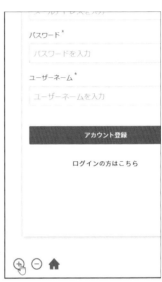

図1-32：左下の「＋」「－」をクリックしてページの表示を拡大縮小する。

アプリを表示する

　作成したアプリを動かしてみましょう。右上にそのためのボタンが2つ用意されています。それぞれ次のような働きをします。

「プレビュー」	その場でアプリをWebアプリとして動かします。プレビューとありますが、アプリとしての動作はちゃんと正常に機能します。通常はこれで動作確認をすればいいでしょう。
「公開」	アプリを公開し、誰でもアクセスできるようにします。

　ここでは「プレビュー」をクリックしてください。動作確認をする場合は、この「プレビュー」を利用するのが基本です。

図1-33：アプリを動かすには「プレビュー」をクリックする。

　画面にアプリのプレビューとQRコードが表示されます。QRコードは、スマホなどからアプリにアクセスするためのものです。

プレビューの表示はただのプ
レビューではなく、そのまま動
きます。アプリを起動した直後
では、アカウントの登録フォー
ムが表示されているでしょう。

図1-34：アプリのプレビュー画面。QRコードとアプリのプレビュー表示がある。

そのままフォームにメールアドレスとパスワードを入力し、アカウ
ント登録してみてください（図1-35）。

図1-35：メールアドレスとパスワードを入
力する。

図1-36：ログインすると、何もないアプリ
が表示される。

登録されると、何もないアプリ画面が現れます。これが、サンプル
で用意されているアプリの画面です。アプリ自体には何も表示は用意
されてないのですね（図1-36）。

右上に見えるアイコンをクリックすると、ログアウトして最初のア
カウント登録画面に戻ります。

　では、アカウント登録画面にある「ログインの方はこちら」というリンクをクリックしてみましょう。ログインフォームの画面に移動します。ここで、先ほど登録したメールアドレスとパスワードを入力して「ログイン」ボタンをクリックすれば、ログインして使えるようになります。

図1-37：ログインフォーム画面。登録したメールアドレスとパスワードを入力する。

アプリを公開する

　自分で動作確認をするだけでなく、別の人にも動作確認をしてほしいという人は、右上の「公開」ボタンをクリックしましょう。

　画面にパネルが表れ、「どちらでアプリを公開（運用）しますか」と表示されます。ここには次の2つのボタンが用意されます。

「リンクで運用」	指定したURLでアプリを公開します。アプリのURLを公開すれば、誰でもアクセスできるようになります。
「ストアで公開」	ネイティブアプリを作成し、スマートフォンのアプリストアで公開します。

　ネイティブアプリをストアで公開するには有料プラン契約が必要です。無料で利用する場合、できるのは「リンクで運用」のみです。では、このボタンをクリックしてください。

図1-38：「リンクで運用」と「ストアで公開」から選ぶ。

アプリのプレビューとQRコードが表示されます。QRコードのURLでアプリが公開されます。このQRコードを配布すれば、誰でもアプリにアクセスできるようになります。

図1-39：アプリの公開URLがQRコードになって表示される。

後は1つ1つの機能を覚えるだけ！

これで、アプリの作成からURLによる公開まで一通りできるようになりました。もちろん、まだ何もアプリらしいものは作っていませんが、「アプリを作って公開する」というアプリ作成のもっとも基本的な操作はこれでできるようになりました。

後は、アプリに必要な部品を覚えていくだけです。アプリには2つのものが必要です。1つはデータを管理するデータベース。もう1つはページをデザインするエレメントです。

次のChapterでは、データベースから使い方を覚えていくことにしましょう。

Chapter 2

データとキャンバス

「データ」は、データベースを設計するための機能です。
そして「キャンバス」は、UIをデザインするためのものです。
これらの基本的な使い方を覚えていきましょう。
また、アプリとアカウントに関する基本的な設定についても理解しておきましょう。

2.1.

データベースを使おう

Clickのデータの扱い

すでに触れたように、Clickの開発は「データ」と「キャンバス」という2つの機能を組み合わせて行います。アプリを開発しようと考えたとき、まず作らなければならないのが「データ」なのです。「キャンバス」はデータが用意できてから利用するものです。Clickでは、データこそが最重要な要素なのです。

では、このデータはどのようなものなのでしょうか。それは、「Excelなどの表計算ソフトで扱うようなデータベース」をイメージするといいでしょう。Clickのデータベースは次のような構造になっています。

```
データベース········各アプリに割り当てられているデータを管理する部分です。
　└テーブル········保管するデータの内容を定義したものです。複数用意できます。
　　└項目········テーブルに用意される、実際に値を保管するものです。複数用意できます。
```

整理すると、Clickではアプリごとにデータベースが用意されており、ここに「テーブル」と呼ばれるものを作成していきます。テーブルはどういう値を保管するかを定義したもので、ここに保管する値の項目を必要なだけ用意しておくのです。

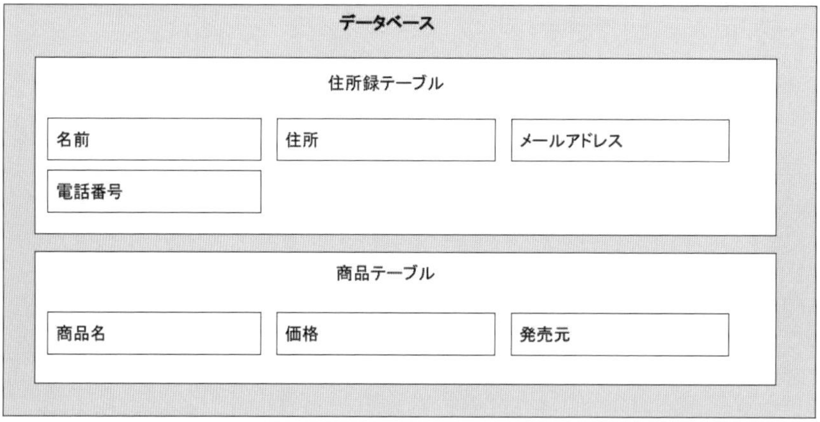

図2-1：Clickのデータの構造。データベース内にテーブルがあり、テーブルには項目が用意される。

例えば、住所録のデータを管理したいと思ったなら、「住所録」というテーブルを用意し、そこに「名前」「メールアドレス」「住所」「電話番号」といった項目を追加していくわけですね。

こうしてテーブルが作成されたなら、そこにデータを追加し保存していけます。テーブルに保存する個々のデータは「レコード」と呼ばれます。レコードはテーブルに用意されている項目を元に作成されます。例えば住所録テーブルなら名前、メールアドレス、住所、電話番号といった値をひとまとめにして保管するわけです。

データを表示しよう

データの基本的な構造が頭に入ったところで、実際にデータの作成を行ってみましょう。Chapter 1で作った「サンプルアプリ」はClickで開かれていますか？　では、Clickのアプリ編集画面の上部に見える「キャンバス」「データ」の切り替えから「データ」をクリックして表示を切り替えてください。

「データ」の表示は左側に縦長なエリアがあり、そこにテーブルがリスト表示されています。ここからテーブルを選択すると、右側の空白エリアにその内容が表示されるようになっているのです。

図2-2：「データ」に表示を切り替えたところ。

「Users」テーブルを選択する

左側に見える「テーブル」というところには、「Users」という項目が1つだけ表示されているでしょう。これは、サンプルアプリにデフォルトで用意されているテーブルです。サンプルアプリにはサインインのフォームがデフォルトで用意されていましたが、そこで利用するユーザー情報がこのUsersテーブルで管理されています。このUsersはClickのシステムによって管理されているため、利用者が勝手に削除したり内容を変更したりすることはできません（項目の追加だけはできます）。その他のテーブルとは違う、特別なものであることを理解してください。

では、テーブルのところにある「Users」をクリックしてみましょう。Usersテーブルに用意されている項目が展開表示されます。右側の空白エリアには、Usersテーブルのレコードが一覧表示されます。といっても、まだ何も表示されないか、あるいは先に試しにアプリを動かしたときに登録したアカウントのレコードが1つ表示されているだけでしょう。

このように「データ」の編集画面では、左側の「テーブル」のリストから編集したいテーブルを選択すると、その内容が表示されるようになっています。

図2-3：「テーブル」から「Users」を選択すると、その内容が表示される。

「Users」テーブルの項目

　この「Users」というテーブルは、新しいアプリを作ると必ずデフォルトで用意されます。Clickのアプリにデフォルトで用意されるアカウントの登録と、ログイン機能で使うユーザー情報を管理するためのものですので、(ログイン機能そのものをすべて削除する場合は別ですが) 勝手に削除しないようにしてください。

　このUsersは特別な役割を与えられているものですから、どういうものかここで確認しておきましょう。Usersには次のような項目が用意されています。

Email	メールアドレスを保管します。この項目はユニーク(すべて違う値)でなければいけません。
Password	パスワードを保管します(ただし、保管されたパスワードは見えません)。
Username	ユーザー名を保管します。
Full Name	フルネームを保管します(ただし、アカウント登録では使われていません)。
CreatedAt	レコードが作成された日時を保管します。
UpdatedAt	レコードが更新された日時を保管します。

　これらの項目のうち「CreatedAt」と「UpdatedAt」は、左側のテーブルに表示される「Users」の中には項目として表示されません。これらはClickによって自動的に値が設定されるものです。Click側で管理されているため、項目を削除することはできません。

レコードを作成しよう

　テーブルにはレコードとしてデータが蓄積されていきます。レコードは作成したアプリから利用できるようになっていますが、それだけでなく、この「データ」の編集画面でも作成や編集作業を行えます。

　では、実際にレコードを作ってみましょう。画面中央にUsersテーブルのレコードが表示されていますね。その上部に「レコードの追加」というボタンがあります。これをクリックしましょう。

図2-4：「レコードの追加」ボタンをクリックする。

値を記入する

　ボタンをクリックすると、画面に「Usersを追加」というパネルが表れ、そこにUsersの各項目を入力するためのフォームが表示されます。

　このフォームに、新たに作成するレコードの値を記入してください。すべて入力したら「OK」ボタンをクリックしましょう。

Usersを追加 ✕

Email　　taro@yamada

Password　　••••••

Username　　タロー

Full Name　　山田太郎

キャンセル　OK

図2-5：パネルに表示されたフォームに入力し、「OK」ボタンをクリックする。

レコードが追加された!

パネルが消え、テーブルのレ
コードを表示しているところに、
入力したフォームの内容が新し
いレコードとして追加表示され
ます。このように、テーブルの
レコードを作成するのはとても
簡単なのです。

図2-6:フォームに入力した値が新しいレコードとして追加された。

レコードの編集と削除

作成されたレコードは、後で再編集したり削除したりできます。これらはレコードの一覧表示を使って非
常に簡単に行えます。

レコードの編集

レコードの一覧から、編集したいレコードをクリックするだけです。画面にパネルが現れ、そこに編集
フォームが表示されます。ここでフォームの内容を書き換えてOKすればレコードの内容を変更できます。

レコードの削除

レコードの一覧では、各レ
コードの左端にチェックボック
スが用意されています。これを
クリックすると、そのレコード
が選択された状態になります。
この状態のまま上部の「削除」ボ
タンをクリックすると、選択さ
れているレコードがすべて削除
されます。

図2-7:レコードを選択すると編集用のフォームが表れ、レコードを選択した状態で「削除」ボ
タンをクリックすれば削除される。

C O L U M N

レコードのロックについて

レコードは必要に応じて編集できますが、まだ開発中の段階では、勝手にレコードが書き換えられると困る、と
いうことも多いでしょう。
このような場合は、レコードの一覧表示部分の下部左側に見えるカギのアイコンが表示されたスイッチをクリッ
クして ON にしてください。これは、レコードをロックするためのスイッチです。これが ON になっていると、
レコードの作成・編集・削除といった操作が行えなくなります。
ただし、これは「データ」画面での操作のことであり、アプリからレコードを操作する場合は、このスイッチを
ON にしていても内容を操作できます。あくまで「データでの編集中にロックしておくもの」と考えてください。

テーブルを作成する

　テーブルとレコードの基本的な操作がわかったところで、実際にテーブルを作成してみましょう。新しいテーブルとしては、いくつかの成績データを保存するものを考えてみます。

　では、左側のテーブルのリストが表示されているところにある「テーブルを追加」ボタンをクリックしてください。すると画面に「テーブルを追加」と表示されたパネルが現れるので、ここでテーブルの名前を「成績表」と記入し、「OK」ボタンをクリックしましょう。

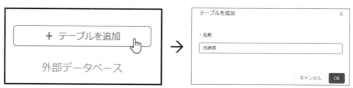

図2-8：「テーブルを追加」ボタンをクリックし、現れたパネルでテーブル名を入力する。

「成績表」テーブルが追加される

　OKするとパネルが消え、左側にある「テーブル」のところに「成績表」という項目が追加されます。これが、作成された成績表テーブルです。

　この「成績表」を選択すると、その中に「Name」という項目がデフォルトで用意されているのがわかるでしょう。この項目は、他の項目とは違う特別な役割を担っています。このName項目は削除できません。テーブルに必ず用意されます。

図2-9：追加された成績表テーブル。デフォルトで「Name」という項目が用意される。

C　　　　　O　　　　　L　　　　　U　　　　　M　　　　　N

Name はプライマリキー？

データベースには、個々のレコードを識別するための「プライマリキー」と呼ばれる項目が用意されます。このName 項目は必須項目であり、変更ができないことから「データベースのプライマリキーに相当するものなのか」と思った人もいるかもしれません。
プライマリキーは、すべて異なっている（ユニークである、と言います）必要があります。同じ値が複数存在してはいけないのです。しかし、Name には同じ値を保管することができます。つまり、Name はプライマリキーというわけではありません。ただ、「必ず値を保管しておかないといけない項目」が用意されている、というだけです。これにより、「項目のない、空のテーブル」が作れないようになっているのですね。

Name項目の名前を変更する

このNameは、削除はできませんが、名前を変えることはできます。左側の「テーブル」に表示されている「成績表」内にある「Name」という項目をクリックしてください。画面にパネルが現れ、そこで項目の名前を変更できます。ここでは「氏名」と名前を書き換えてみましょう。

図2-10:「成績表」テーブルの「Name」をクリックし、現れたパネルで項目名を変更する。

OKしてパネルを閉じると、成績表テーブルにあった「Name」項目が「氏名」に変わっています（図2-11）。このように、項目名をわかりやすいものに変更して利用できるのですね。

図2-11:成績表の項目がNameから「氏名」に変わった。

図2-12:「項目を追加」をクリックすると値のタイプがプルダウンメニューで現れる。

項目を追加する

作成したレコードに項目を追加しましょう。左側の「テーブル」欄にある「成績表」が選択された状態で、その下の「項目を追加」をクリックしてください。

プルダウンメニューが現れ、値のタイプ（種類）が表示されます（図2-12）。ここから、追加する項目の値のタイプを選びます。

項目のタイプについて

では、項目にはどのような値のタイプがあるのでしょうか。その内容を簡単にまとめておきましょう。

テキスト	一般的なテキストを入力します。
パスワード	パスワードを入力するための専用の項目です。
数値	数値全般を入力するものです。
True/False	「ON」「OFF」のような二者択一の値を指定するものです。
日時	日付と時刻をまとめて指定するためのものです。
日付	日付を入力するためのものです。
画像	カメラの写真などの画像データを保管します。
ファイル	テキストファイルなどのファイル類を保管します。
データの紐付け	他のテーブルにあるレコードの値を追加します。

中にはわかりにくいものもあるでしょう。まずは基本のタイプとして、「テキスト」と「数値」だけ覚えておきましょう。それ以外のものは、必要になったところで使い方を覚えるようにすればいいでしょう。

では、プルダウンメニューの中から「数値」を選択してください。

項目を設定する

値のタイプを選ぶと、画面に「項目の追加」と表示されたパネルが表れます。ここで、追加する項目の設定を行います。パネルには以下の2つが用意されています。

タイプ	値のタイプを再設定することができます。ここでは「数値」のままにしておきます。
名前	項目の名前です。ここでは「国語」と入力しておきます。

名前を入力したら「OK」ボタンをクリックして項目を追加してください。

図2-13：名前を「国語」と入力しておく。

「国語」項目が追加される

OKするとパネルが消え、「成績表」テーブルに「国語」という項目が追加されます。こんな具合にして、項目を追加していけばいいのですね。

なお、間違えて項目を追加してしまった場合は、項目名の右側に見えるゴミ箱のアイコンをクリックすれば、項目を削除できます。

図2-14：「国語」という項目が追加された。

数学・英語を追加

やり方がわかったら、同様にして「数学」「英語」といった項目も追加してみましょう。いずれもタイプは「数値」にしておきます。これで、3教科の成績を保管する項目が用意できました。

図2-15：さらに「数学」「英語」といった項目を追加する。

日付の項目を追加

テキストや数値以外のタイプも使ってみましょう。まずは、日時関係です。日時に関するタイプには「日時」と「日付」があります。日時は日付と時刻が記録でき、日付は時刻は記録されません。違いはありますが、性質はほぼ同じと考えていいでしょう。

では、左側の「テーブル」にある「成績表」の「項目を追加」をクリックし、「日付」を選んで「項目の追加」パネルを呼び出してください。そして、名前を「受験日」としてOKしましょう。

図2-16：新しい項目を、タイプ＝日付、名前＝「受験日」で作成する。

論理型の項目を追加

　もう1つ、「True/False」というタイプの項目を作ってみましょう。これは、値がTrueかFalseのどちらかしかないタイプです。こうした二者択一の値のタイプは、プログラミングなどで「論理型」と呼ばれます。難しそうに思えますが、例えばチェックボックスの値などは論理値で設定されます（ONとOFFの2つしかありませんから）。意外と身近なところで利用されているのです。

　では、先ほどと同様に「項目を追加」から「True/False」という項目を選び、「項目の追加」パネルを開きましょう。そして項目名を「追試」としておきます。

図2-17：「True/False」タイプの項目を「追試」という名前で作る。

テーブルが完成!

　これで、主な項目が用意できました。今回は全部で6つの項目を用意しています。これらはテキスト、数値、日付、True/Falseといったタイプを利用しています。さまざまなタイプを利用するテーブルのサンプルとして、必要にして十分なものになったでしょう。

図2-18：作成されたテーブル。全部で6つの項目がある。

「成績表」テーブルを使う

では、作成した「成績表」テーブルにレコードを追加してみましょう。レコードを表示するエリアの上部にある「レコードの追加」ボタンをクリックし、パネルを開いてください。ここでは全部で6項目からなるフォームが用意されます。

図2-19：「レコードの追加」ボタンで呼び出されるフォームのパネル。

名前と点数を入力

まずは、一般的なテキストと数値の項目を入力しましょう。名前と国語・数学・英語の得点です。これらの項目を適当に入力してください。

実際に入力してみるとわかりますが、国語・数学・英語の3項目は、数字（＋小数点のドット）しか入力できないようになっています。数値以外は入力できないのです。これなら誤って数字以外の値を書いてしまう心配はありませんね。

ただし整数と実数は区別していないので、テストの点数では「0.1」といった値も入力可能です。また「10000」のように、テストの満点以上の値も入力できます。このあたりは、実際にアプリで使う際はこうした値が入力できないように調整できます。ただ、「データ」の編集画面で直接レコードを作成する場合はそうした機能はなく、数であればどんな値でも入力できるようになっているのです。

成績表を追加	X
氏名	タロー
国語	98
数学	54
英語	78

図2-20：名前と3教科の点数を入力する。

日付タイプの入力

それ以外の項目について、まず「受験日」の項目ですが、実際にフィールドをクリックすると、日付を選択するカレンダーのようなものがプルダウンして現れます。ここから日付を選択すると、その日付が値としてフォームのフィールドに追加されるのです。

ここでは日付タイプを使っていますが、日時の場合も基本的な使い方は同じです。フィールドをクリックするとカレンダーがプルダウンして現れ、入力できるようになるのです。ただし、日時の場合はカレンダーの右側に時刻を選択するUIが追加されます。設定する項目は増えますが、こうしたUIで設定すればその値が自動的に入力されるようになっています。

図2-21：日付の項目はカレンダーがプルダウンして表示される。

True/Falseタイプの入力

もう1つ、論理型の値も見てみましょう。「追試」という項目は、パネルではフィールドがありません。スイッチが用意されており、これで値を設定するようになっているのです。

このスイッチがOFFのままなら値はFalseとなり、ONにするとTrueになります。基本的に2つの値は次のようなものとして扱われます。

True	「正しい」「ON」「はい」といった肯定的な状態を示すのに使います。
False	「正しくない」「OFF」「いいえ」といった否定的な状態を示すのに使います。

実際にスイッチをON/OFFして値の入力を確認しましょう。True/Falseの値は、Clickではこのようにスイッチを使うのが基本なのです。

図2-22：True/Falseの項目はスイッチで値を入力する。

追加したレコードを確認

　これで、一通りの項目が入力できました。「OK」ボタンでレコードを追加してください。レコードがテーブルに追加されます。追加された各項目の値がどうなっているか確認しておきましょう。日付は日付を表すテキストで表示され、論理値はチェックマークで表示されることがわかるでしょう。

氏名	国語	数学	英語	受験日	追試	CreatedAt	UpdatedAt
タロー	98	54	78	2023/03/15	✓	a few seconds ago	a few seconds ago

図2-23：追加されたレコード。各項目の値がどうなっているか確認しよう。

レコードをいくつか追加してみる

　やり方がわかったら、いくつかのレコードをダミーデータとして追加していきましょう。複数個のレコードが用意されると、Clickのテーブルがデータベースであることが実感できるでしょう。

氏名	国語	数学	英語	受験日	追試	CreatedAt	UpdatedAt
クミ	39	48	57	2023/03/02	✓	in a few seconds	in a few seconds
マミ	70	30	50	2023/03/03	✓	17 minutes ago	17 minutes ago
イチロー	67	89	87	2023/02/01	✗	18 minutes ago	18 minutes ago
ジロー	56	47	38	2023/03/13	✓	18 minutes ago	18 minutes ago
サチコ	68	79	80	2023/02/03	✗	19 minutes ago	19 minutes ago
ハナコ	87	96	75	2023/02/01	✗	19 minutes ago	19 minutes ago
タロー	98	54	78	2023/03/15	✓	22 minutes ago	22 minutes ago

図2-24：いくつかのレコードをダミーで追加したところ。

レコードのダウンロード

　アプリで使うデータは、この「データ」で用意したテーブルに保管して利用します。しかし、場合によってはすでにあるデータをアプリで利用したいこともあるでしょうし、アプリで追加されたデータを他で利用したいこともあるでしょう。そのためには、データを外部とやり取りする方法を知っておく必要があります。

　まずは、テーブルのレコードを他のアプリで利用する方法です。「データ」画面には、テーブルのレコードをファイルにダウンロードする機能があります。これを利用することで、データを他のアプリで利用することができます。

　では、やってみましょう。「成績表」テーブルのレコードが表示された状態で、上部に見える「ダウンロード」ボタンをクリックしてください。

図2-25：「ダウンロード」ボタンをクリックする。

列の選択

「ダウンロードする列を選択してください」というパネルが現れます。「列」というのは、テーブルに用意した「氏名」「国語」などの項目のことです。ここで、どの項目を保存するかを選択します。デフォルトではすべての項目のチェックがONになっているので、そのまま「ダウンロード」ボタンをクリックしましょう。

ファイルを保存

ファイルの保存ダイアログが開かれるので、ファイルを保存する場所を選び、ファイル名を入力して保存してください。デフォルトでは「〇〇.csv」というように、.csv拡張子が付いたファイル名になっています。これは変更しないでください。

図2-26：ダウンロードする項目を選択する。

図2-27：保存ダイアログでファイルを保存する。

CSVファイルを確認する

保存されるのは「CSVファイル」と呼ばれるものです。これは「Comma Separated Values」の略で、各項目の値をコンマで区切って記述したテキストファイルのことです。Excelのような表計算のデータをやり取りするのに利用されます。

保存したファイルをテキストエディタで開いてみると、レコードの値がコンマで区切られて記述されているのがわかるでしょう。

図2-28：保存されたCSVファイルをメモ帳で開いたところ。

レコードのアップロード

　続いて、他のアプリからデータを取り込んで使う方法です。これもCSVファイルを利用します。あらかじめ使いたいデータをCSVファイルとして保存しておき、これをアップロードしてテーブルに取り込むのです。

　では、実際にやってみましょう。その前に、テーブルのレコードを一度消しておきます。レコードの一覧表示で、左端のチェックボックスの一番上のものをクリックしてONにしてください。表示されているすべてのレコードのチェックがONになり、選択された状態となります。

　そのまま、「削除」ボタンをクリックしてください。

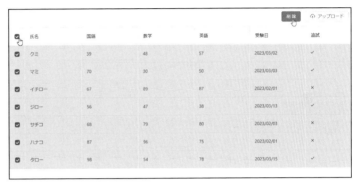

図2-29：すべての項目を選択し、「削除」ボタンをクリックする。

確認のアラート

　画面に確認のアラートが表示されます。そのまま「OK」ボタンをクリックすると、選択されたすべてのレコードが削除されます。

図2-30：確認のアラート。「OK」ボタンをクリックする。

「アップロード」ボタン

　すべてのレコードが削除されたら、「アップロード」ボタンをクリックしてCSVファイルのデータをアップロードします。

図2-31：「アップロード」ボタンをクリックする。

オープンダイアログ

　画面に、ファイルを選択する
オープンダイアログが開かれま
す。先ほど保存したCSVファ
イルを選択して開いてください。

図2-32：オープンダイアログで、保存したCSVファイルを開く。

項目を確認

　画面にパネルが開かれます。テーブルの項目と、読み込むファイルの項目との関連を指定します。基本的
に同じ内容ですから、そのまま「Import」ボタンをクリックすればいいでしょう。もし、項目名などが違っ
ているデータを取り込みたいときは、ここで取り込む項目を個別に指定すればいいわけです。

図2-33：CSVとテーブルの項目の関係を設定する。

インポートされた！

　「Import」ボタンをクリックするとファイルのデータがインポートされ、テーブルにレコードが作成され
ます。先ほど保存したときそのままのレコードが再現されていることがわかるでしょう。

これで、Clickと他のアプリの間でデータをやり取りできるようになりました！

氏名	国語	数学	英語	受験日	追試	CreatedAt	UpdatedAt
クミ	39	48	57	2023/03/02	✓	in a few seconds	in a few seconds
マミ	70	30	50	2023/03/03	✓	in a few seconds	in a few seconds
イチロー	67	89	87	2023/02/01	✕	in a few seconds	in a few seconds
ジロー	56	47	38	2023/03/13	✓	in a few seconds	in a few seconds
サチコ	68	79	80	2023/02/03	✕	in a few seconds	in a few seconds
ハナコ	87	96	75	2023/02/01	✕	in a few seconds	in a few seconds
タロー	98	54	78	2023/03/15	✓	in a few seconds	in a few seconds

図2-34：レコードがインポートされた。

Excelで CSV ファイルを利用する場合

CSVファイルとしてダウンロードしたデータはUTF-8でエンコードされています。したがって、ユニコードに対応しているソフトであればたいてい利用できるでしょう。ただし、Excelで利用する場合は注意が必要です。

ダウンロードしたファイルをExcelで開いてみてください。おそらく、日本語がすべて文字化けして表示されてしまったのではないでしょうか。これは、ファイルが破損しているわけではありません。

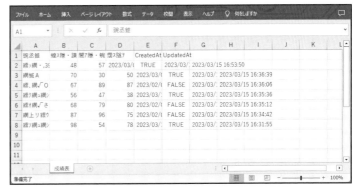

図2-35：ExcelでCSVファイルを開くと文字化けしてしまう。

BOM付きとBOMなし

なぜ、Excelでは文字化けしたのか。それは、ExcelがUTF-8のファイルをそのまま開いて利用できないからです。「えっ？　ExcelはUTF-8が使えたはずでは？」と思った人。そうなんですが、このCSVファイルは使えないのです。

UTF-8には、「BOM付き」と「BOMなし」があります。BOMとは「Byte Order Mark」の略で、エンコーディング方式やバイト順の指定などの情報を記述するのに使います。UTF-8では、このBOMが付いているものと付いていないものがあるのです。

Clickでダウンロードされたファイルは BOMなしのUTF-8です。これに対し、ExcelはBOMありのUTF-8にのみ対応しているため、必要なBOMの情報が欠落して得られず文字化けが発生したのですね。

CSVファイルをUTF-8 BOM付きにする

CSVファイルをBOM付きとして保存しましょう。これには、BOM付きのテキストエンコーディングに対応したテキストエディタなどが必要です。Windowsならばメモ帳でOKです。

メモ帳でCSVファイルを開き、「名前を付けて保存...」メニューを選んで保存ダイアログを呼び出してください。このダイアログの下部にある「エンコード」から、「UTF-8(BOM付き)」を選んでファイルを保存しましょう。これで、BOM付きのファイルが作成できます。その他のテキストエディタを使う場合は、それぞれのアプリごとにエンコーディングの変更方法が異なりますので、自分が使っているエディタのエンコーディング変更方法を確認してください。

図2-36：メモ帳の保存ダイアログで「UTF-8(BOM付き)」を選んで保存する。

Excelでファイルを開く

Excelを起動し、CSVファイルを利用してみましょう。「開く」メニューでCSVファイルを開くと、テキストファイルウィザードというウィンドウが開かれます。ここで、元のデータの情報を設定します。

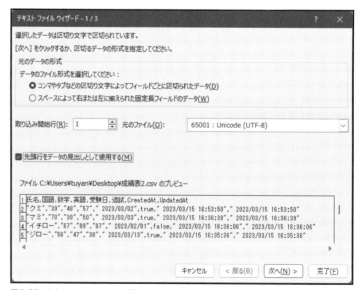

図2-37：テキストファイルウィザードで元データの設定を行う。

元のデータ形式	データがどのような形式で記録されているかを選択します。タブやコンマで区切られているのか、スペースで間を空けているのかを選択します。ここでは「タブやコンマなどの区切り文字によってフィールドごとに区切られたデータ」を選びます。
取り込み開始行	どこから読み込むかを指定します。これは「1」のままにしておきます。
先頭行をデータの見出しとして使用する	最初の行が見出しかデータかを指定するものです。これはONにして、見出しであることを知らせます。

区切り文字の指定

　「次へ」ボタンで次に進むと、各項目のデータがなんで区切られているかを指定する表示が現れます。ここでは「コンマ」のチェックをONにして次に進んでください。

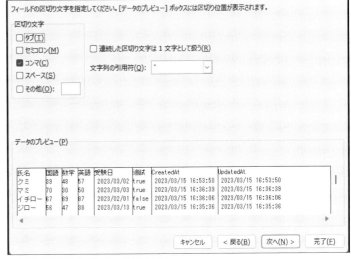

図2-38：区切り文字は「コンマ」を指定する。

列のデータ形式

　読み込んだデータの各列のデータ形式を指定します。ここでは、「G/標準」という項目を選んでおきましょう。そして「完了」ボタンをクリックすると、ファイルを読み込んで開きます。

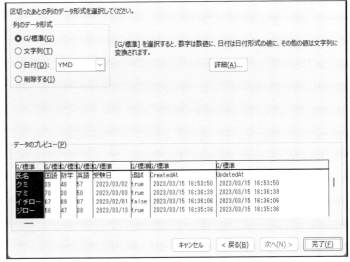

図2-39：列のデータ形式を指定する。

Excelで読み込めた!

　ExcelでCSVファイルが開かれ、今度は文字化けすることもなくちゃんとデータが表示されます。UTF-8のファイルをBOM付きに変換しなければならないのが面倒ですが、これでClickのデータをExcelで管理できるようになります。

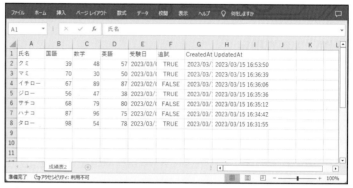

図2-40：ExcelでCSVファイルが文字化けせずに開かれた。

Chapter 2

2.2.
ページとキャンバス

アプリとページ

「データ」によるデータベースの使い方は、だいたいわかりました。では、画面中央上部にある「キャンバス」「データ」の切り替えタブから「キャンバス」をクリックして表示を切り替えてください。

キャンバスはUIをデザインするための編集画面です。そのためには、まずClickのアプリのUIがどのような構造になっているかを理解する必要があります。

Clickのアプリは「ページ」の組み合わせで作られています。ページは、Webサイトのページのようなものを想像すればいいでしょう。アプリには用途に応じたページが用意されており、必要に応じてページを移動しながら処理を行っていくわけですね。

したがって、キャンバスでUIを作成するときには、「どのようなページを用意するのか」を考える必要があります。そして全体のページの構成がだいたいわかったところで、それぞれのページごとにUIを作成していくのです。

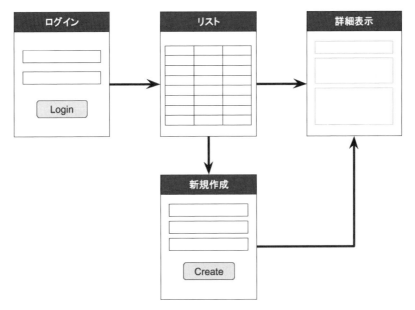

図2-41：アプリではさまざまなページを用意し、それぞれがどのように移動しながら動いていくかを考えてUIを作らないといけない。

ページの連携

作成しているサンプルアプリでは、デフォルトで3つのページが用意されています。これらはそれぞれ次のようになっていました。

「アカウント登録」ページ	最初に表示されるページです。アカウントを新規作成するためのフォームが表示されています。
「ログイン」ページ	すでにアカウントを持っている人向けに、ログインするためのフォームを表示したページです。
「ホーム」ページ	ログインすると表示されるページです。これがアプリ本体のページになります。

この3つのページは、アプリを作成する際の基本ページと考えてください。これらは特別な理由がない限り、必ず用意しておくものです。勝手に削除などしないようにしましょう。

図2-42：デフォルトで用意されている3つのページ。

「レイヤー」でページの構造を確認する

用意されたページにはどのようなものが配置されているのでしょうか？　Clickでは、ページに配置するUI部品は「エレメント」と呼ばれます。各ページごとにさまざまなエレメントを配置し、それらを利用してページのデザインを作成しているのですね。

それぞれのページにどんなエレメントが用意されているのか。これを確認するには「レイヤー」を使うのがいいでしょう。レイヤーは、ページとエレメントの構成をリスト表示して確認できるものです。これはキャンバスの左側上部にある「レイヤー」「エレメント」の切り替えタブから「レイヤー」をクリックして選ぶと表示されます。

このレイヤーには、アプリに作成されているページがリスト表示されます。ここでどんなページがあるのかを把握できます。

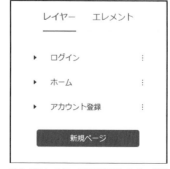

図2-43：レイヤーには用意されたページがリスト表示される。

ページ内のエレメントを見る

ページをクリックすると表示が展開し、そのページに配置されているエレメントがリスト表示されます。ここからエレメントをクリックすると、右側に表示されているページに配置されているエレメントが選択された状態になります。つまり、ここでエレメントがどこにどのようにして配置されているのかを確認できるわけです。

いくつものエレメントが組み合わせられているような場合も、ここで編集したいエレメントを選択することで、確実にそのエレメントを操作できるようになります。

図2-44：レイヤーからエレメントを選択すると、ページに配置されているエレメントが選択される。

「ホーム」ページを表示しよう

実際にページに簡単なエレメントを配置して、エレメントの使い方を覚えていきましょう。ここでは、デフォルトで用意されている「ホーム」ページを使ってエレメントを配置していきます。

エレメントの配置は、左側エリアの上部にある「レイヤー」「エレメント」の切り替えタブから「エレメント」を選択して行います。この「エレメント」タブを選択すると、左側エリアにエレメントのアイコンがずらっと一覧表示されます。ここから使いたいものを選んでページに配置していけばいいのです。

「エレメント」の一番上には「ページ」というアイコンがあり、これは新しいページを作成するためのものです。その下に「マネタイズ」という項目があり、さらにその下に「レイアウト/アクション」「ナビゲーション」「インプット」というように用途ごとに項目が整理され並んでいます。

このあたりのグループの名称や順番などはClickのアップデートにより変更される場合がありますが、基本的に用意されるエレメント類は（増えることはありますが）アップデートしても同じものが用意されているはずです。

図2-45：「エレメント」タブには、Clickに用意されているエレメントがまとめてある。

「ホーム」ページを表示する

　「ホーム」ページを表示させましょう。おそらくデフォルトでは、ページの表示は複数ページビューになっていることでしょう。ページの表示エリア左上にある「1ページビュー」のアイコンをクリックし、表示を1ページにしてください。そして、プルダウンメニューから「ホーム」を選んで「ホーム」ページを表示させます。

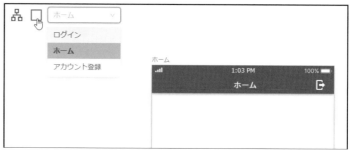

図2-46：1ページビューで「ホーム」ページを表示する。

「テキスト」エレメントを表示しよう

　ページにエレメントを配置しましょう。今回使うのは「テキスト」エレメントです。これは「エレメント」タブの「レイアウト／アクション」のところにあります。

　「テキスト」エレメントは、テキストの表示を行うためのものです。テキストの表示はUIのもっとも基本となるものですから、この「テキスト」エレメントを使ってエレメントの基本的な使い方を覚えていくことにしましょう。

図2-47：「レイアウト／アクション」にある「テキスト」エレメント。

「テキスト」をページに配置する

　では、「テキスト」を配置しましょう。「エレメント」タブにある「テキスト」のアイコンをマウスでドラッグし、そのまま右側の「ホーム」ページの適当なところにドロップしてください。これで、「Text」と表示されたエレメントが1つ追加されます。これが「テキスト」エレメントです。

図2-48：配置された「テキスト」エレメント。

エレメントの位置と幅の変更

　エレメントは、選択されていると周囲を淡いブルーの線で囲まれ表示されます。また、エレメントの左右の端には○が表示され、この部分をドラッグすることでエレメントの横幅を調整できます。

　また、エレメントの内部をマウスでドラッグすれば、自由に位置を移動することができます。これで「テキスト」の位置と大きさを適当に調整してみましょう。

図2-49：「テキスト」エレメントの位置と大きさを調整する。

エレメントと右ウインドウ

配置した「テキスト」を選択すると、画面の右側にウィンドウが現れます。ここに、選択したエレメントに関する情報がまとめられます。

右ウィンドウには、上部に3つの切り替えタブが用意されています。それぞれ次のようなものです。

エレメント	エレメントの属性を設定するものです。
スタイル	エレメントのスタイル（表示）を設定します。
ClickFlow	エレメントに特定の動作を設定するためのものです。

エレメントの設定は「エレメントを選択し、右ウィンドウから必要な操作をする」という形で行っていきます。まずはどのような項目が用意されているのかを知り、それらを使ってエレメントをどのように設定していくのかを理解する必要があります。

図2-50：エレメントを選択すると、画面右側にウィンドウが現れる。

「テキスト」のエレメント設定

右ウィンドウの「エレメント」タブから見ていきましょう。「エレメント」で表示されるのは、選択されたエレメントの基本的な設定です。エレメントに共通のものもありますし、エレメントに固有のものもあります。したがって、エレメントの種類ごとに表示は違ってくると考えてください。

では、「テキスト」エレメントの「エレメント」タブの表示をまとめておきましょう。

名前	エレメントの名前です。通常は「テキスト1」という、エレメントの種類に番号を付けた名前が設定されています。
表示設定	エレメントをどのように表示するかを指定するものです。通常は「常に表示」が選ばれています。
テキスト	エレメントに表示するテキストを指定するものです。
行数	表示するテキストの行数を指定します。「複数行」と「1行」のいずれかを選びます。

これらのうち、すぐに利用することになるのは「テキスト」でしょう。ラベルはテキストを表示するためのものですから、配置したら表示するテキストを設定する必要があります。

図2-51：「テキスト」の「エレメント」タブの設定。

テキストを変更する

　表示するテキストを変更してみましょう。ここでは簡単なタイトルを表示してみます。配置した「テキスト1」エレメントを選択し、右ウィンドウの「エレメント」タブにある「テキスト」のフィールドをクリックしてテキストを記入しましょう。

　ここでは、「ホームページ」としておきます。「テキスト」のフィールドの値を書き換えると、リアルタイムに「テキスト2」エレメントの表示が変わるのがわかるでしょう。

図2-52：「テキスト」の値を「ホームページ」と変更する。

複数行表示と1行表示

　テキストの表示で頭に入れておきたいのが「行数」です。行数は「1行」と「複数行」が用意されていますが、これによりテキストの表示が変化します。

　例えば、先ほど「テキスト」設定で「ホームページ」とテキストを入力しましたが、これを「ホーム」の後で改行し、「ページ」が2行目にくるようにしてみましょう。そして、「行数」設定が「1行」と「複数行」でどう変わるか確認してみましょう。「複数行」だと「ホーム」と「ページ」が2行に分けて表示されますが、「1行」だと「ホームページ」というように1行にまとめて表示されます。

　違いがわかったら、テキストの値を「ホームページ」、行数を「複数行」に戻しておきましょう。

図2-53：途中で改行しても、「行数」を1行にすると改行されない。

「スタイル」タブの設定

　続いて、右ウィンドウにある「スタイル」タブの設定についてです。「スタイル」タブは、エレメントの表示に関する設定がまとめられています。ここには非常に多くの項目が用意されているので、順に説明していきましょう。

エレメントの重なり順

　ページに配置されるエレメントというのは、配置した順に重なって表示されます。例えば複数のエレメントを重ね合わせると、先に配置したものが下に、後に配置したものが上に重なるようになっているのですね。

　この重なり順を変更するのが、「エレメントの重なり順」です。クリックすると、次のような項目がプルダウンメニューとして表示されます。

最前面へ	エレメントを一番上に移動します。
最背面へ	エレメントを一番下に移動します。
前面へ	エレメントを1つ上に移動します。
背面へ	エレメントを1つ下に移動します。

　これらを選ぶことで、エレメントの重なり順を変更できるわけです。これは一度選べばいいというわけではなく、「前面へ」「背面へ」などは選ぶごとに1つずつ重なり順が変わっていきます。

図2-54：「エレメントの重なり順」では重なり順を移動するメニューが表示される。

エレメントの配置

　その下には3つのアイコンが横一列に並んだものが用意されています。これはエレメントの配置に関するものです。それぞれ「左揃え」「中央揃え」「右揃え」を示しています。これらのアイコンをクリックすると、エレメントがページの左右の端にピタリと重なるように配置されたり、中央に配置されたりします。

　ただし、このアイコンは単に「クリックすると指定の位置にエレメントを移動させる」というだけであり、その後もずっと指定の位置に固定されるわけではありません。単純に「エレメントを指定の位置に並べる」ためのもの、と考えてください。

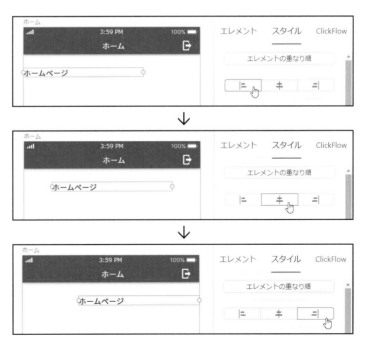

図2-55：エレメントの配置。アイコンをクリックすると、左端、中央、右端に移動する。

上下からの位置を固定

さらに、その下には「エレメントを固定する」という設定があります。これは、エレメントを画面の上下のいずれかを基準にして位置を固定するためのもので、次のような項目があります。

上部固定	エレメントを画面の上からの距離で位置を固定します。
下部固定	エレメントを画面の下からの距離で位置を固定します。
固定しない	固定しません。

この設定は、状況に応じてエレメントの大きさが変化するようなときになって、初めて意味がわかるものでしょう。例えば「下部固定」を使うと、画面サイズが変化しても、画面の下から指定しただけ離れた位置に表示されるようになります。

スマートフォンは機種により画面の大きさが違いますから、「常に上からこれだけの場所に表示したい」「常に下からこれだけ離れた場所に表示したい」というとき、これらの設定が役に立ちます。

図2-56：「エレメントを固定する」の設定。

大きさと位置

その下には、「幅」「高」「X」「Y」という4つの入力フィールドが用意されています。これらはそれぞれ次のようなものになります。

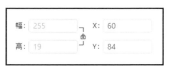

図2-57：位置と大きさの設定。大きさはカギアイコンをクリックすると直接入力できるようになる。

幅	エレメントの横幅。
高	エレメントの縦幅。
X	エレメントの横位置。左端からどれだけ離れているか。
Y	エレメントの縦位置。上端からどれだけ離れているか。

ここで注目してほしいのは、「幅」「高」のところにあるカギのアイコンです。おそらくデフォルトでは、これらのフィールドは入力ができないようになっているでしょう。直接、数値を入力して設定したい場合はカギアイコンをクリックするとフィールドがアンロックされ、直接入力できるようになります。ただし、アンロックして直接入力できるようになっても、「テキスト」エレメントでは、高さの値は入力した通りにはなりません。表示するテキストのフォントサイズや行間のスペースなどにより自動的に高さ調整されるためです。

テキストの基本設定

その下にはテキストのフォント、位置揃え、スタイル、フォントサイズ、行間スペースといった設定がまとめられています。テキストの基本的な表示は、だいたいここにまとめられている設定で行えるでしょう。

図2-58：テキストの基本的な表示設定。

フォント

　フォントの設定は、クリックするとプルダウンして現れるメニューから使用するフォント名を選んで行います。デフォルトでは次表のフォントが用意されています。

Noto Sans JP	角ゴシック体のフォント。
Noto Sans	明朝体のフォント。
Roboto	ラテン文字の表示に適したフォント。

　これらは「Webフォント」と呼ばれるもので、インターネット上で利用できるフォントです。実際に使ってみると、フォントの違いがよくわかるでしょう。

テキスト配置

　テキストの位置揃えを指定するものです。3つのアイコンがあり、それぞれ「左揃え」「中央揃え」「右揃え」を表します。

テキストスタイル

　フォントスタイルを指定するものです。アイコンで「太文字」「斜体」「下線」「取り消し線」を設定します。これらのアイコンはON/OFF方式になっており、クリックすることでスタイルを適用したり外したりできます。

サイズ

　フォントサイズを指定するフィールドです。これはピクセル数で指定するようになっており、数値で指定できます。

行間

　複数行を表示する際の各行の感覚を指定するフィールドです。これもピクセル数で入力できます。

テキスト色と塗りつぶし

　「テキスト色」と「塗りつぶし」は、「テキスト」エレメントに表示されるテキストと背景色を指定するものです。

　これらは左側に色を表示した丸いアイコンがあり、右側に色の値（#000000といった16進数の値）が表示されています。色の値のフィールドに直接値を書き込むこともできますが、もっと簡単なのは左側の色を表示したアイコンを使う方法です。

図2-59：「テキスト色」と「塗りつぶし」の設定。

このアイコンをクリックすると、色を選択するカラーパレットが
ポップアップして現れます。ここで使いたい色を選択するとその色が
設定され、エレメントの表示が変わります。

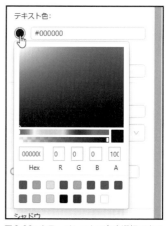

図2-60：カラーパレットで色を選択できる。

枠線の設定

「枠線」はエレメントの枠を表示するためのものです。枠線の色と、
線の種類が用意されています。

枠線の色の設定はテキスト色などと同じです。色を表示した丸いア
イコンと、色の値を入力するフィールドがあり、これらで色を指定し
ます。

その下にあるプルダウンメニューが、線の種類を選ぶためのもので
す。ここでは「なし」「点線」「破線」「実線」といったメニュー項目が用
意されており、線の種類を選べます。

図2-61：枠線の色と種類を選ぶ。

ただし、これらを設定しただけでは、まだ枠線は表示されません。その下にある「角丸」「サイズ」を設定
する必要があるのです。これらは次のようなものです。

角丸	角の丸みを指定するものです。スライダーで丸み の大きさを指定します。
サイズ	枠線の太さを指定します。1以上にすると枠線が 表示されます。

図2-62：角丸とサイズで角の丸みと先の太
さを指定する。

デフォルトではサイズがゼロ
に設定されていたため、枠線が
表示されなかったのですね。こ
れを1以上にすれば、指定した
通りに枠線が表示されるように
なります。

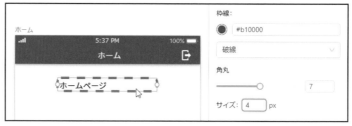

図2-63：すべての設定を行うと、枠線が表示されるようになる。

シャドウの設定

エレメントに輪郭線を表示すると、ただのテキストというより「モノ」としての存在を感じられるようになります。これに、立体的に見える「影」を付けると、さらに「モノ」らしい感じを出せます。

シャドウには影の表示に関する非常に多くの項目が用意されています。以下にまとめておきましょう。

X, Y	影を本体から横・縦にどれだけ移動した位置に表示するかを指定します。
色	色を表示したアイコンと色の値のフィールドで影の色を指定します。
サイズ	影の周辺のぼかしを入れる幅を指定します。
ぼかし	影の濃さを％で指定します。0〜100の間で指定します。

シャドウは、ぼかしの値をゼロ以上にしないと見えるようになりません。まず、ぼかしを適当な値（50程度）にして影を表示し、それからそれぞれの値を調整していくといいでしょう。

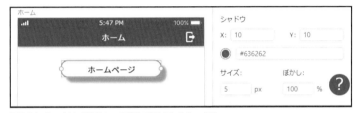

図2-64：シャドウの設定と、実際に表示されたシャドウ。

テキストを設定しよう

以上で「スタイル」タブの設定を一通り説明しました。これらが利用できるようになれば、少なくともテキストの表示は自由に行えるようになるでしょう。

とはいえ、たくさんの項目をズラッと説明したので、なんだかわからなくなった人もいるでしょう。そこで、実際に「テキスト」エレメントのスタイルを設定してみましょう。

1. 位置と大きさを調整

まず、エレメントの位置と大きさ（幅）を調整します。これらはページに配置したエレメントをドラッグしても行えますし、「スタイル」タブの「X」「Y」「幅」といった項目の値を直接編集して設定しても行えます。

ここでは幅を「300」に、Yを「100」に設定しておきます。そして、その上にあるエレメントの配置を設定するアイコンで中央揃えにしておきましょう。

図2-65：エレメントの位置と大きさを調整する。

2. 文字揃えを設定

　続いて、文字揃えを設定します。タイトルは中央に表示されるようにしておきましょう。

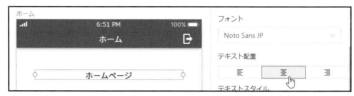

図2-66：文字揃えを中央揃えに変更する。

3. フォントサイズとスタイルを設定

　テキストの表示でもっとも重要なのは、なんといってもフォント関係でしょう。以下の項目を設定して、表示されるテキストのサイズとスタイルを調整しましょう。

テキストスタイル	「b」（太文字）「i」（斜体）をONに
サイズ	「32」px
行間	「42」px

図2-67：テキストサイズ、スタイル、行間を指定する。

4. テキスト色を設定

　「テキスト色」で、テキストの色を設定します。好きな色にしてかまいません。サンプルでは「#3c78b4」という値にしておきました。

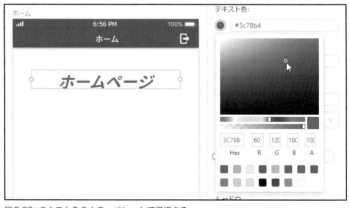

図2-68：テキスト色をカラーパレットで選択する。

5. 枠線を設定

　続いて、エレメントの枠線を指定します。普通、ただテキストだけを表示する場合は、枠線は特に表示しないでしょう。今回は「スタイル」タブの練習も兼ねているので、枠線も表示させることにします。

　では、枠線の設定を次のように行ってください。

色	#888888
種類	実線
角丸	10
サイズ	2

図2-69：枠線を設定し表示させる。

　以上で、ボタンのような輪郭の線が表示されるようになります。細かな値は、それぞれの好みに応じて調整してください。

6. シャドウを設定

　最後に、シャドウを設定しましょう。これも練習を兼ねて表示をさせることにします。次のように設定しましょう。

X	10
Y	10
色	#626262
サイズ	5
ぼかし	75

　これで、グレーの影がエレメントの右下に表示されるようになります。ぼかしや色などはそれぞれで調整しましょう。

図2-70：シャドウを設定する。

完成したエレメントを確認!

　「テキスト」エレメントの表示が設定できました。画面右上にある「プレビュー」ボタンをクリックし、プレビュー表示させてみましょう。細かな設定を行うと、このようにテキストの表示もガラリと変わることがわかるでしょう。

図2-71：プレビューでテキストの表示を確認する。

メッセージ表示テキストを追加する

タイトルが表示できたところで、もう1つテキストを作成しましょう。左ウィンドウの「エレメント」タブから「テキスト」アイコンをドラッグし、「ホーム」ページにドロップしてください。これで、「テキスト2」という名前のテキストが作成されます。

図2-72：テキストをもう1つ作成する。

テキストのスタイルを設定する

配置したら、右ウィンドウの「スタイル」タブを選択し、2つ目のテキストのスタイルを設定しましょう。だいぶスタイル設定にも慣れてきたでしょうから、設定内容をまとめておきます。それぞれの項目を自分で設定していってください。

幅	300
X	（中央に揃える）
Y	200
テキスト配置	左揃え
テキストスタイル	デフォルトのまま
サイズ	24
行間	30
テキスト色	#000000

一通り設定できたら、後はそれぞれで使いやすく見やすいように調整してかまいません。なお、枠線とシャドウは今回はやめておきます。すべてのテキストに設定するとかなりうるさくなってしまいますから。

図2-73：「テキスト2」のスタイルを設定する。

ユーザー名を表示させる

　この2つ目のテキストは、表示させたいテキストを自分で書いて設定するのではなく、Clickから値を持ってきて表示させてみましょう。

　Clickにはさまざまな値が用意されています。「データ」で作成したデータベースの値はもちろんですが、それ以外にもさまざまな値があるのです。例えばログインしているユーザーの情報や、現在の日時、現在位置など、「現在の状況」に関する値が用意されているのですね。

　こうしたものは、さまざまなエレメントで使うことができます。「テキスト」エレメントでこうした値を表示させるのは、値の利用のもっとも基本といっていいでしょう。

テキストを設定する

　では、「テキスト2」のテキストを設定していきましょう。「テキスト2」を選択し、右ウィンドウの「エレメント」タブを選択します。そして「テキスト」設定のフィールドに「利用者：」とテキストを記入します。

図2-74：テキストに「利用者：」と入力する。

カスタムテキストの利用

　Clickが持っている値をテキストに追加しましょう。これには「カスタムテキスト」というものを使います。カスタムテキストは、Clickが利用できる各種の値を利用して設定されるテキストのことです。

　右ウィンドウの「エレメント」タブにある「テキスト」の設定フィールドを見てください。フィールドの右上にアイコンが表示されているのがわかるでしょう。これが、「カスタムテキスト」を利用するためのアイコンです。

　これをクリックすると、カスタムテキストのメニューがプルダウンして現れます（図2-75）。ここには次のような項目が用意されています。

Logged In User	ログインしているユーザの情報です。
日時	日時に関する項目です。
現在地	現在位置に関する項目です。
Users	「データ」にある「Users」テーブルを使います。
成績表	作成した「成績表」テーブルを使います。
New Formula...	関数や式を使って値を設定します。

　ログインユーザー、日時、現在地といった情報の他、自分が「データ」で作成したテーブルも自動的に個々に追加されることがわかります。また、関数や式なども利用できるのですね。

とりあえず、これらを全部一度に覚えるのは大変ですから、ここでは簡単なものだけピックアップして使ってみることにしましょう。

図2-75：カスタムテキストのアイコンをクリックするとメニューが現れる。

Emailを選択する

プルダウンして現れたカスタムテキストのメニューから、「Logged In User」の項目にマウスポインタを移動してください。さらにサブメニューが現れます。

ここには、ログインしているユーザーに関する情報が次のようにメニュー項目として表示されます。

Email	登録されているメールアドレス
Username	ユーザ名
Full name	登録されているフルネーム
Created Date	作成日時
Updated Date	最終更新日時
Line ID	LINEのID
np_master_uid	ユーザー識別子
Apple User	アップルユーザー名

中にはLINEやアップルユーザなどといった項目もありますが、これらはLINEやアップルIDでサインインした場合に使われます。また、Full nameなども実際に設定されていない場合は値を取り出せません。

一番確実なのは、Emailでしょう。サインインではメールアドレスとパスワードを登録しますから、Emailは必ず値が存在します。というわけで、「Email」をクリックして選択してください。

図2-76：「Logged In User」に用意されているサブメニューから「Email」を選ぶ。

カスタムテキストが追加される

「Email」メニュー項目を選ぶとメニューが消え、「テキスト」フィールドに「Logged In User > Email」と表示された小さなパーツが追加されます。これが、カスタムテキストの値です。このパーツの部分に、先ほど選択したEmailの値が表示されるようになるのです。

図2-77：「Logged In User > Email」という小さなパネルが追加される。

プレビューで表示を確認する

カスタムテキストを追加しても、ページに表示されている「テキスト」エレメントのテキストは変更されません。これは、実際にアプリを動かさないと値が表示されないのです。

では、右上の「プレビュー」ボタンでアプリを実行し、プレビュー表示させてみましょう。すると、「利用者：」の後にログインしているユーザーのメールアドレスが表示されます。

図2-78：ログインしているユーザのメールアドレスが表示される。

3つ目のテキストを作成する

このカスタムテキストは非常に便利なものですね。中には使い方が難しいものもありますが、この「Email」のように、ただ選んで追加するだけで使えるようになるものもあります。

では、もう1つテキストを作ってみましょう。左ウィンドウの「エレメント」タブから「テキスト」をドラッグ＆ドロップして、「ホーム」ページに追加してください。3つ目なので、「テキスト3」という名前の「テキスト」エレメントが作成されます。

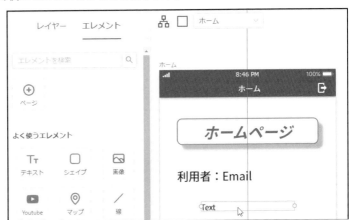

図2-79：「エレメント」から「テキスト」をドラッグ＆ドロップし、3つ目のテキストを作る。

テキストのスタイルを設定する

　続いて、「テキスト3」のスタイルを設定しましょう。もう3回目ですからやり方はわかりますね。先ほどの「テキスト2」と同様に、スタイルを設定しておきましょう（Yの位置だけ適当にずらしておきましょう）。

図2-80：「テキスト3」のスタイルを調整する。

現在日時を表示させる

　このエレメントには、現在の日時を表示させてみます。「テキスト3」の右ウィンドウにある「エレメント」タブから、「テキスト」のフィールド右上に見えるアイコンをクリックしてカスタムテキストのプルダウンメニューを呼び出してください。

　その中の「日時」というメニュー項目にマウスポインタを移動すると、日時関係のサブメニューが現れます。ここには次のような項目が用意されています。

Current Time	現在の日時を表示します。
Start of Today	今日の開始日時を表示します。
その他	現在から何時間前、何日前といった日時の項目がまとめてあります。

　この中から、「Current Time」を選択しましょう。これが、現在の日時を表示するカスタムテキストです。

図2-81：「日時」メニューから「Current Time」サブメニュー項目を選ぶ。

「Current Time」が追加される

これでメニューが消え、「テキスト」のフィールドに「Current Time」と表示されたパーツが追加されます。なお、デフォルトで書かれている「Text」という値は不要なので削除しておきましょう。

図2-82：「Current Time」のカスタムテキストが追加された。

プレビューで確認する

カスタムテキストがどう表示されるか確認しましょう。画面右上の「プレビュー」ボタンでアプリをプレビュー表示してください。すると、「テキスト3」のところに「a few seconds from now」といったテキストが表示されます。

これは何なのか？　というと、「現在の日時よりちょっと経過してるよ」ということを知らせているのですね。Clickでは、日時の表示にはいくつかのフォーマットがあります。大きく分けるなら、通常の日時をそのまま表示するものと、「相対日時」によるものになります。相対日時というのは「〇〇から××経過」というように、指定の日時からどれだけ経過したかをテキストで表現するものです。

カスタムテキストの日時関連は、基本的に相対日時がデフォルトに設定されてています。このため、このような表示になっていたのです。

図2-83：プレビューで表示を確認する。

日時のフォーマットを変更する

表示する日時のフォーマットを変更してみましょう。「テキスト」フィールドに追加された「Current Time」のパーツをクリックしてください。その場に小さなパネルがプルダウンして現れます。これが、カスタムテキストの設定パネルです。

カスタムテキストは、このようにクリックして設定を行うことができます。表示内容は、カスタムテキストの種類によって変わります。日時関係では、「日付フォーマット」という項目が用意されます。

図2-84：「Current Time」をクリックし、設定パネルを呼び出す。

フォーマットを変更する

では、この「日付フォーマット」という項目をクリックしてください。メニューがプルダウンし、日付のフォーマットが一覧表示されます。

この中から、「日時 2021/11/20 2:10 PM」というような表記の項目をクリックして選択しましょう。これで、フォーマットが変更されます。

図2-85:「日付フォーマット」のメニューからフォーマットの種類を選ぶ。

プレビューで確認

画面右上の「プレビュー」ボタンで表示を確認しましょう。今度は現在の日時がちゃんと表示されるようになります。日時のカスタムテキストは、このように表示フォーマットをいろいろと変えることができるのです。

図2-86:プレビューで表示を確認する。

Chapter
2

2.3.
Clickの設定と管理

Clickに用意されている設定機能

　これで、とりあえず「アプリのページにエレメントを配置する」というアプリ作成のもっとも基本的な部分ができるようになりました。後は、少しずつ使えるエレメントを増やしていけばいいのですね。本格的なエレメント作りに進むのはChapter 3からにして、その前にClickとアプリの設定について説明しておくことにしましょう。

　Clickに用意されている設定は2つあります。1つは「アカウント設定」です。これは、画面右上に見えるアカウントのアイコンから呼び出します。このアイコンにマウスポインタを持っていくと、メニューがプルダウンして現れます。そこから「アカウント設定」を選んでください。

図2-87：アカウントのアイコンから「アカウント設定」を選ぶ。

アカウント設定の表示パネル

　メニューを選ぶと、画面に設定のためのパネルが開かれます。ここでアカウント関連の設定を行うのですね。パネルには、左側に次のような項目が用意されています。

アカウント	アカウントの基本設定です。
カード	クレジットカードの登録を行うものです。
請求とプラン	設定された有料プランと料金の請求を管理するものです。

　デフォルトでは「アカウント」が選択されています。そして右側のエリアに、アカウント関連の設定情報が表示されます。用意されているのは次のようなものです。

名前 (ニックネーム)	登録したユーザーの名前です。
メールアドレス	登録したメールアドレスです。
パスワード	ログイン時のパスワードを設定します。
ユーザー ID	ユーザーごとに割り当てられるID。重複しない値にします。

これらは右側の「変更」ボタンを使うことで値を変更できるようになります。アカウント登録後に名前やパスワードなどを変えたい場合はここで変更します。

図2-88：「アカウント」の設定。各項目は右側の「変更」ボタンで内容を更新できる。

カードの登録

続いて、左側にある「カード」を選択した場合の表示です。これは、Clickで支払いに利用するクレジットカードを登録管理するところです。デフォルトでは、まだカード情報などは一切登録されていません。

パネル上部に見える「クレジットカードを登録」というリンクの右端に「＋」というアイコンのボタンがあります。これをクリックしてカードの登録を行います。

図2-89：「クレジットカードの登録」にパネルの表示。

カード情報の入力

カード番号と日付を入力する画面になります。ここでカードの16桁の数字とカード期限の年月を指定して「カードを追加」ボタンをクリックすれば、入力したクレジットカードの情報が登録されます。

なお、クレジットカードの情報は、内部で課金される（有料プランを選択するなど）場合にのみ有効となります。そうでない場合にカードが勝手に使われることはありません。これらの値を入力後「カードを追加」ボタンをクリックすれば、クレジットカードが追加されます。

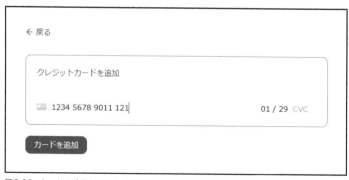

図2-90：カードの番号と期限を入力する。

請求とプラン

　左側のリストで一番下にある「請求とプラン」は、有料プランを選択した場合にその料金の請求内容などを表示するものです。無料プランでは何も表示されません。

図2-91:「請求とプラン」では、有料プランの場合に内容が表示される。

アプリの「設定」について

　アプリの設定は、上部の青いバー（トップメニューといいます）の「設定」ボタンをクリックすると呼び出すことができます。画面にパネルが開かれ、そこにアプリの細かな設定情報が表示されます。

　このパネルは上部にいくつかの項目があり、そこで選択された項目の設定内容がパネルに表示されるようになっています。用意されている項目には以下のものがあります。

基本設定	アプリの基本的な設定項目です。
ネイティブアプリキット	ネイティブアプリ（スマホのアプリ）作成のための項目です。
Push通知	WebのPush通知を行うためのものです。
ドメイン	独自ドメインを設定するためのものです。
プランを選択	プランの変更を行うためのものです。

　これらのうち、「基本設定」以外はすべて有料の「Earlier」プラン以上でのみ使えます。したがって、当面はアプリの設定は「基本設定」のみと考えていいでしょう。それ以外のものは、有料プランを使うようになってから確認してください。

　この「基本設定」には次のような項目が用意されています。

アプリ名	アプリの名前。Clickでアプリを作ったときに入力した名前が設定されています。
アプリ紹介	アプリの簡潔な説明を入力します。これはなくとも問題ありません。
アイコン	アプリのアイコン。作成したアイコンのイメージをドラッグ＆ドロップすると設定されます。
このアプリのキャンパス閲覧やクローンを一般ユーザーに許可しますか？	アプリを公開すると、URLを指定すれば誰でもアクセスして見られるようになります。そうなったとき、キャンパスの閲覧やアプリの複製をユーザーに許可するかどうかを指定します。デフォルトではいずれも「不可」となっており、一般ユーザーが勝手にアプリを使えないようにしています。

これらはデフォルトで一通り設定されているので、自分で操作する必要はほとんどありません。アプリ名を変更したりアイコンを設定したいときはここで行えますので、「こういう機能がアプリの設定にある」ということぐらいは覚えておきましょう。

図2-92：アプリの「設定」パネル。「基本設定」ではアプリ名やアイコン、利用の権限などを設定できる。

ドメインの設定

「設定」パネルにある機能のうち、「基本設定」以外のものは無料プランでは使うことができません。「ネイティブアプリキット」はアプリを作成してアプリストアで公開したい人のためのものですが、無料では何も表示されません。また「Push通知」は、この後の管理画面にもあるのでそちらで触れます。

これらの中で「ドメイン」は、無料プランを利用している人でも興味を持っている人は多いでしょう。これは、アプリにドメインを割り当てて公開するためのものです。

Clickで作成するアプリは、公開までは無料で行えますが、公開されるURLは非常に長くてわかりにくいものです。そこでClickでは、「○○.click.dev」というドメインでアプリを公開できるようにしています。また、自分でドメインを所有している人は、有料プランにすればそのドメインを使って公開URLを変更することもできます。それを行うのが、「設定」パネルにある「ドメイン」です。これをクリックすると、次のような項目が表示されます。

サブドメイン	click.devのサブドメインを指定するものです。サブドメインがすでに使用済みだと設定できません。まだ使われていないサブドメインを付けるようにしておきます。
独自ドメイン	自分が所有するドメインを利用したURLを割り当てるものです。ただし、これでドメインを割り当てる場合は、そのドメインのDNSの設定を行っておく必要があります。これは、ドメインを管理する企業団体によって設定方法が違います。ドメインの購入先で詳しい設定方法を確認してください。

無料プランではこれらは使えませんが、「自分のドメインをアプリに簡単に設定できる」というのは、有料プランに切り替える大きな理由となることでしょう。

設定

基本設定　ネイティブアプリキット　Push通知　ドメイン　プランを選択

共有: https://sharev3.click.dev/eab03e98-c12a-4257-83c6-589e8db4bc3a

サブドメイン

b69a3b70　.click.dev　変更

独自ドメイン

変更

独自ドメインを利用するためにはEarlierプランへのアップグレードが必要です

Earlierプランにアップグレードする

アプリのコピー　リセット　保存

図2-93：「ドメイン」では、独自ドメインを割り当てられる。

管理画面ページについて

Clickのトップメニューにはもう1つ、アプリに関する項目が用意されています。「管理画面」というボタンです。これをクリックすると、新たにアプリの管理画面ページが開かれます。

管理画面は、アプリの利用ユーザやデータベースの更新状況などについて確認することができます。デフォルトでは、上部にあるトップメニューから「ユーザー」が選択された状態になっています。

「ユーザー」画面では、アプリを利用しているユーザの情報が一覧表示されます。ユーザは、アプリのデータベースにデフォルトで用意されている「Users」テーブルで管理されていました。このUsersのレコードがここで確認できると考えればいいでしょう。

この画面では、データベースを作成する「データ」のテーブル編集画面と同じような機能が用意されています。レコードのインポート・エクスポートを行うための「ダウンロード」「アップロード」ボタンや、新たにレコードを作成するための「レコードの追加」ボタンなどです。

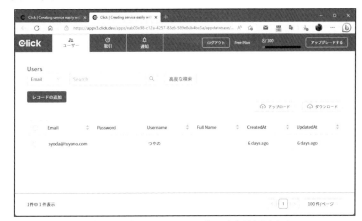

図2-94：管理画面の「ユーザー」には、Usersテーブルの内容が表示される。

レコードの編集

　表示されているレコードの編集は、レコードをクリックして行います。クリックすると、そのレコードの内容だけが画面に表示され、右側に「削除」「編集」といったボタンが表示されます。これらをクリックして値の編集や削除を行うことができます。

図2-95：レコードをクリックすると、そのレコードの内容だけが表示される。

　右側にある「編集」ボタンをクリックすると、画面にフォームを表示したパネルが現れます。ここにある値を書き換えて「編集する」ボタンをクリックすると、レコードの値が変更できます。

図2-96：「編集」ボタンでレコードを編集するフォームが表示される。

「取引」の表示

　トップメニューの「取引」をクリックすると、「Users」以外のテーブルの内容（レコード）が表示されます。ここでは「成績表」というテーブルを作成していましたから、このテーブルのレコードが表示されていることでしょう。

　この画面に用意されている機能は、先ほどの「ユーザー」画面の表示と基本的には同じです。「アップロード」「ダウンロード」でレコードのインポート・エクスポートをしたり、「レコードの追加」ボタンで新しいレコードを作成したりできます。またレコードをクリックすればその内容が表示され、編集や削除が行えます。

「ユーザー」と「取引」は内容的には同じで、ただ編集するテーブルが「Users」とそれ以外に分かれている
だけ、と考えていいでしょう。

図2-97：「取引」ではUsers以外のテーブルの編集が行える。

「通知」の作成

　トップメニューにある「通知」では、アプリへのプッシュ通知を管理します。これをクリックすると、送
信した通知の一覧が表示されます。また「通知を設定する」ボタンを使って新たに通知を作成し、送信する
ことができます。

　ただし、このプッシュ通知は、ネイティブアプリでなければ使えません。つまり、ネイティブアプリが作
れる有料プランでなければ意味がないわけです。無料の場合、表示はされますが通知を送信することはでき
ません。

図2-98：「通知」では、プッシュ通知の管理を行う。

　「通知を設定する」ボタンをクリックすると、画面にパネルが現れ、送信する通知の内容を入力できます。
ここでは次のような項目が用意されています。

タイトル	通知のタイトルを指定します。
配信内容	通知で配信するコンテンツを記入します。
配信先	誰に配信するかを選びます。通常、「All」(すべて)が指定されています。
配信日時	いつ配信するかを指定します。デフォルトでは「今すぐ配信する」が選択されています。
着地ページ設定	通知から開くページを選びます。

これらを一通り設定し、「配信する」ボタンをクリックすれば、指定した日時に通知が配信されます。ただし、アプリがネイティブアプリにビルドされていないと警告が現れ、送信はできません。

図2-99：通知の入力パネル。ここで内容を記入し、「配信する」ボタンで配信を行う。

無料プランか、有料プランか

以上、さまざまな設定に関する機能をまとめて説明しました。これらを一通り見てわかるのは、「無料プランの場合、使える設定はあまりない」という点でしょう。

Clickは無料でアプリを作成し、実際に利用することのできる数少ないノーコードツールです。しかし、「無料で使える」というのは「無料で何でもできる」ということではありません。「アプリを作って動かす」という基本部分は一通り使えますが、それ以外の機能は無料では使えないのです。

「じゃあ、有料にするか」と考えた人。その前に、本当に有料にすべきか、自分のアプリの作成と利用の仕方についてよく考えてみましょう。

メリットがある機能

有料にした場合の利点は、大きく3つあります。「ネイティブアプリ作成」「プッシュ通知」「ドメイン」です。これらが自分に必要か、よく考えてください。

中でも「ネイティブアプリの作成」は非常に大きな問題です。アプリを作成すれば、すぐにネイティブアプリを公開できるわけではありません。アプリストアに公開申請し、通過しなければいけないのです。これにはスマートフォンの開発と公開に関する基礎知識が必要です。AndroidでもiOSでも、そのためにはまず開発者登録（有料です）を行い、開発者としてプラットフォームを利用できるようにならなければいけません。

これは、そう簡単にできるものではありません。特にアプリの申請通過は、プラットフォーム側の判断次第ですから、「申請すれば必ず公開できる」わけではないのです。したがって、「ネイティブアプリを作るから有料プランにしよう」と考えるのは早計です。

それよりも、もっと手軽に使えて非常に重要な機能である「プッシュ通知」と「ドメイン」の必要性をまず考えましょう。これらは設定だけで簡単に利用できる機能です。そして、必要な人にとっては非常に重要な機能のはずです。これらの重要性を考え、「確かにこれらは必要だ」と思ったなら、有料プランへの切り替えを検討してみればいいでしょう。

Chapter 3

入力とアクションのエレメント

Clickにはたくさんのエレメントが用意されています。
まずは入力とアクションのためのエレメントについて使い方を覚えていきましょう。
テキストや日付、画像、ファイルなどさまざまな値の入力、
ボタンとClickFlowによる処理の実行などについて説明しましょう。

<table>
<tr><td>Chapter
3</td><td>3.1.

ボタンとClickFlow</td></tr>
</table>

ボタンを使おう

Chapter 2では「テキスト」エレメントを使って、ページにエレメントを配置し表示を調整する基本について一通り説明をしました。エレメントの基本的な使い方はわかったはずですから、このChapterでは用意されている主なエレメントの使い方を覚えていくことにしましょう。

まずはボタンです。キャンバスの「エレメント」タブでは、「レイアウト/アクション」というところに用意されています。この「ボタン」エレメントは、いわゆるプッシュボタン（クリックあるいはタップすると何かを実行するボタン）です。実際に「エレメント」タブから「ボタン」を「ホーム」ページにドラッグ＆ドロップして配置してみてください。両端が丸くなったボタンが作成されます。

図3-1：「エレメント」タブから「ボタン」をページまでドラッグ＆ドロップして配置する。

「ボタン」エレメントの基本設定

配置したボタンを選択すると、右ウィンドウに「エレメント」「スタイル」「ClickFlow」といった切り替えタブの表示が現れます。「テキスト」エレメントでおなじみのものですね。デフォルトでは、この中の「エレメント」が選択されています。ここにボタンの基本的な設定がまとめられています。簡単に整理しておきましょう。

名前	エレメントの名前です。デフォルトでは「ボタン1」という名前になっています。
表示設定	どういうときに表示するかを示すもので「常に表示」が選択されています。
タイプ	どういうタイプのボタンかを選びます。「ボタン」「テキストボタン」「枠付きボタン」が用意されています。
テキスト	ボタンに表示するテキストを指定します。
アイコン	ボタンに表示するアイコンを選びます。メニューから選ぶだけです。
輪郭のみ表示	アイコンの内部を塗りつぶさず、輪郭線だけで表示します。
大文字	チェックをONにすると、テキストをすべて大文字で表示します。

「名前」「表示設定」は「テキスト」エレメントにもあったものですが、それ以外はボタン独自の設定です。このように「エレメント」タブの設定は、すべてのエレメントに共通のものと、そのエレメントに固有のものが混在しています。

図3-2：ボタンの「エレメント」タブの設定。

ボタンの表示を調整しよう

では、「エレメント」タブにある項目を使ってボタンの表示を調整してみましょう。まず、「タイプ」を変更してみます。値部分をクリックし、現れたメニューから「枠付きボタン」を選択してみましょう。これで枠線だけで内部が塗りつぶされないボタンに変わります。

図3-3：「タイプ」を「枠付きボタン」に変更する。

アイコンを表示する

続いて、アイコンを表示させてみましょう。「アイコン」のところにある「輪郭のみ表示」のスイッチをONにします。これで、中を塗りつぶさないアイコンだけが選択できるようになります。

この状態で「アイコン」にあるフィールドをクリックし、プルダウンして現れたメニュー項目から表示したいアイコンを選びましょう。ボタンに表示できるアイコンは、ここにまとめられています。

アイコンを選ぶと、そのアイコンがボタンに表示されるテキストの手前（左側）に表示されるようになります。思ったより大きくないように見えますが、アイコンの大きさはフォントサイズにより変わります。

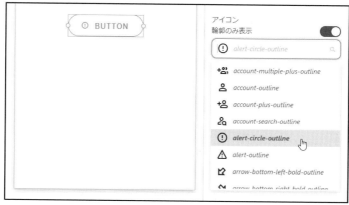

図3-4：アイコンを選んでボタンに表示させる。

スタイルを調整する

続いて、「スタイル」タブです。これはエレメントのスタイルに関するものでしたね。ボタンの「スタイル」タブでも、「ボタン」エレメントの基本的な設定がまとめられています。見ればわかりますが、すべて「テキスト」エレメントのときに登場したものばかりです。「スタイル」に関して言えばボタンはテキストと同じだ、と言ってもいいでしょう。

唯一、「不透明度」というのが「テキスト」エレメントにはない新しい設定項目になります。これはボタンの透明度を指定するもので、0 ～ 100（%）の範囲で指定されます。他は、すべて「テキスト」エレメントにあったのと同じものです。

図3-5：「スタイル」の設定項目。「テキスト」エレメントのときとほとんど同じだ。

エレメントの重なり順	エレメントの重なり順を変更します。
エレメントの配置	「左揃え」「中央揃え」「右揃え」の3つのアイコンがあります。
エレメントを固定する	エレメントを画面の上または下から指定された距離だけ離れた地点に固定します。
幅、高、X、Y	エレメントの大きさと位置を指定します。
不透明度	ボタンの不透明度です。スライダーで設定します。
フォント	ボタンに表示するテキストのフォントです。
サイズ	ボタンに表示するテキストのサイズです。
テキスト色、塗りつぶし	ボタンのテキストと背景の色です。
角丸	角の丸みを指定します。

ClickFlowでページを移動する

　ボタンの最大の特徴は、「クリックして何かを行うことができる」という点でしょう。これは、「ClickFlow」というタブを使って行えます。

　ClickFlowはエレメントに何らかの処理を組み込むためのものです。あらかじめ用意されているいくつかの命令から使いたいものを選んで設定するもので、用意されている命令は整理すると次のようになります。

ページの移動	クリックして他のページに移動したりできます。
データベース操作	クリックしてテーブルにレコードを追加したり、編集や削除したりできます。
その他	それ以外には外部のAPIにアクセスしたり、エレメントの値を変更したり、メールを送ったり、ログインしたりする命令が用意されています。

　基本的には「ページの移動」と「データベースの操作」がClickFlowで行える基本的な処理だ、と考えていいでしょう。

図3-6：ClickFlowは、エレメントに命令を設定できる。

ClickFlowを作成する

　では、実際にClickFlowを作ってみましょう。ページに配置したボタンを選択したまま、右ウィンドウの「ClickFlow」タブを選択してください。そして、そこにある「ClickFlowの追加」をクリックしましょう。すると、メニューがプルダウンして現れます。これがClickFlowに用意されている命令です。次のような項目があります。

ページ移動	別のページに移動します。
作成	テーブルにレコードを作成します。
更新	テーブルのレコードを更新します。
削除	テーブルのレコードを削除します。
カスタムClickFlow	外部API利用のためのものです。
その他	それ以外の機能がまとめてあります。

図3-7：「ClickFlowの追加」で現れるメニュー。

　ボタンクリックで別のページに移動させるには、「ページ移動」のメニューを使います。このメニュー項目にマウスポインタを移動させると、移動可能なページがサブメニューで現れます。この中から「新規ページ」というメニュー項目を選びましょう。これは新しいページを作成して、そこに移動するClickFlowを設定するものです。

図3-8：メニューから「新規ページ」を選ぶ。

次のページを作る

　「新規ページ」メニューを選ぶと、画面に「新規ページ」パネルが現れます。ここでページの設定を行います。

名前	作成するページの名前です。ここでは「次のページ」とします。
ラジオボタン	「白紙のページ」を選びます。

　「白紙のページ」と「モーダル」は普通のページを作るか、モーダルと呼ばれる特殊なページを作るかを指定するものです。モーダルについてはもう少し後で触れるので、ここでは「白紙のページ」を選んでください。

　設定ができたら、「OK」ボタンをクリックすれば新しいページが作成されます。

図3-9：「新規ページ」パネルで設定を行う。

新しいページができた!

新しい「次のページ」という
ページが作られました。これ
でページが作成されると共に、
「ホーム」ページのボタンに移動
のためのClickFlowが追加され
ました。

図3-10：新しいページが作成された。

ボタンのClickFlowを確認する

上部の表示ページを選択する
メニューから「ホーム」を選んで、
先ほどの「ホーム」ページに戻り
ましょう。戻ってボタンがどう
なったか確認をします。

図3-11：ページを選ぶメニューから「ホーム」を選び、「ホーム」ページに戻る。

ClickFlow を選択

「ホーム」に作ったボタンを選択し、右ウィンドウの「Click Flow」タブを選択してください。すると、「ページ移動」という項目が追加されているのがわかります。これが、作成されたClickFlowです。

図3-12：「ページ移動」というClickFlowが作られている。

ClickFlow の内容を確認

作られた「ページ移動」をクリックしてみましょう。表示が展開され、ClickFlowの設定内容が表示されます。

ページの選択	移動するページが設定されています。
ページ移動時のエフェクト	移動する際に使う視覚効果を選びます。

「ページの選択」はわかるでしょうが、その他に「ページ移動時のエフェクト」という設定もあるのですね。これで、移動する際にどのような視覚効果を与えるかが設定できます。デフォルトでは「プッシュ」というエフェクトが選択されています。これはページ移動の際の基本エフェクトだと考えてください。この他に、エフェクトにはモーダルというページ用の「モーダル」と「なし」が用意されています。

図3-13：「ページ移動」の設定内容を確認する。

次のページを作成する

では、上部のページを選択するメニューから「次のページ」を選び、空白のページを表示しましょう。このままでは何だかよくわからないので、ページ名を表示させましょう。

左ウィンドウの「エレメント」タブから「テキスト」をドラッグ＆ドロップして、「次のページ」ページに配置してください。そして、右ウィンドウの「エレメント」タブと「スタイル」タブで表示を設定します。

- 「エレメント」の「テキスト」で、表示するテキストを「次のページ」と入力する。
- 「スタイル」でフォントサイズやスタイル、テキスト色を調整し、タイトルとして見やすいスタイルにする。

　スタイルの設定内容はそれぞれで好きにしてかまいません。とりあえず、パッと見てこれが「次のページ」だ、とわかるようにしておけばいいでしょう。

図3-14：ページにテキストを配置する。

動作を確認しよう

　では、動作を確認してみましょう。右上の「プレビュー」ボタンをクリックしてアプリを動かしてみてください。

　そして、「ホーム」ページにあるボタンをクリックすると、何もない白紙のページ（新たに作った「次のページ」）に移動します。ちゃんとページ移動ができることが確認できるでしょう。

図3-15：「ホーム」ページあるボタンをクリックすると、「次のページ」に移動する。

戻るボタンを作る

続いて、「次のページ」にボタンを配置しましょう。左ウィンドウの「エレメント」から「ボタン」をドラッグ＆ドロップして配置してください。表示は好きなように設定してかまいません（面倒ならデフォルトのままでもOKです）。

図3-16：ボタンを1つ配置する。

「戻る」ClickFlowを追加

ボタンにClickFlowを追加しましょう。右ウィンドウの「ClickFlow」タブを選択し、「ClickFlowの追加」をクリックして、現れたメニューから「ページ移動」内の「戻る」メニュー項目を選びます。

この「戻る」は、このページに移動してくる前のページに戻るものです。ClickFlowでページを移動した場合、この「戻る」で移動前のページに戻れます。

図3-17：「ClickFlowの追加」から「戻る」を選ぶ。

ClicKFlowを確認

作成されたClickFlowをクリックして、設定内容を確認しましょう。「ページの選択」では「戻る」が設定されているのがわかるでしょう。

図3-18：作成されたClickFlow。「ページの選択」に「戻る」が設定されている。

動作を確認する

「プレビュー」ボタンで動作を
確認しましょう。「ホーム」ペー
ジのボタンをクリックして「次
のページ」に戻ったら、そこに
あるボタンをクリックしてくだ
さい。「ホーム」に戻ることがで
きます。

図3-19：プレビューで動作を確認する。「次のページ」から「ホーム」に戻れるようになった。

ログイン／ログアウト

ClickFlowを使ったページ移
動については、これでわかりま
した。ClickFlowにはこの他に
もさまざまな機能が用意されて
います。それらについても使っ
てみましょう。

まずは「ログイン関係」です。
ClickFlowのメニューには「そ
の他」という項目があり、この
中に「ログイン」というメニュー
があります。このメニューは、
さらに次のようなサブメニュー
を持っています。

図3-20：「ログイン」メニューに用意されているサブメニュー。

ログイン	ログインします。
ログアウト	ログアウトします。
登録	アカウントの登録を行います。
パスワードの再設定	パスワード再設定のフォームを呼び出します。

フォームは用意されない!

　これらを利用する際に注意したいのは、「ログインやアカウント登録のページと連動しているわけではない」という点です。例えば「ログイン」は、選んでもログインのためのフォームが表示されるわけではありません。あらかじめ指定した値でログインが実行されるだけです。「登録」も同様です。ログアウトに関してはフォームなどは不要でしょうが、ログアウトしたら自動的にログインページに移動してほしい、と思うかもしれません。そうした処理までは行ってくれません。

　この中で、命令を実行する上で必要な情報の入力まで行うのは「パスワードの再設定」のみです。これは実行すると、パスワードをリセットするためのメールを送信するフォームが表示され、ここで入力するとパスワード再設定のためのメールが送られます。

図3-21:「パスワードの再設定」は、再設定のためのメールを送信するフォームが開かれる。

「ログアウト」ボタンを作る

　これらの機能を使ってみましょう。もっとも簡単な「ログアウト」を利用してみます。「次のページ」に「ボタン」エレメントを1つ追加してください。そして、右ウィンドウの「ClickFlow」タブから「ClickFlowの追加」をクリックし、「その他」→「ログイン」→「ログアウト」とメニューを選んでください。

図3-22:ボタンを追加し、「ClickFlowの追加」から「ログアウト」を選ぶ。

作成された「ログアウト」

これで「ClickFlow」タブに「ログアウト」が追加されます。クリック
して内容を確認すると、「ログアウト」は特に設定などを持っていない
ことがわかります (デフォルトの「条件設定」という項目だけあります)。

図3-23:「ログアウト」のClickFlowが作成
される。

「ログイン」ページに移動

これでログアウトはされま
すが、このままではただログア
ウトしているだけで、見たとこ
ろは何も変わりません。ログア
ウトしたなら、そのままログイ
ンページが開かれるようにした
いところですね。これはすでに
やりました。「ページ移動」の
ClickFlowを使えばいいのです。
「ClickFlowの追加」から「ペー
ジ移動」メニューの「ログイン」
サブメニューを選んでください。

図3-24:「ClickFlowの追加」から「ページ移動」の「ログイン」を選ぶ。

2つのClifkFlowが作成できた!

これで、ClickFlowが2つ作成されました。ClickFlowはこのよう
に1つだけでなく、いくつでも必要なだけ作成することができます。

図3-25:2つのClickFlowが作成された。

プレビューで動作を確認

画面右上の「プレビュー」ボタンでアプリを動かし、動作を確認しましょう。作成したボタンをクリックすると、そのままログイン画面に移動します。

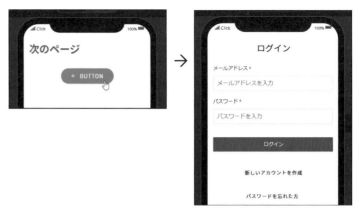

図3-26：ボタンをクリックするとログアウトし、ログインページに移動する。

ログインを行う

今度は、ログインを行わせてみましょう。先ほどのボタンのClickFlowを削除して、新たにClickFlowを作ることにします。ClickFlowは、「ClickFlow」タブに表示されている項目のゴミ箱アイコンをクリックすると削除することができます。これを使い、作った2つのClickFlowを削除しましょう。

図3-27：ClickFlowは、右上のゴミ箱アイコンをクリックすると削除できる。

「ログイン」ClickFlowを作る

では、ログインを行いましょう。ボタンを選択し、「ClickFlow」タブから「ClickFlowの追加」をクリックし、現れたメニューから「その他」→「ログイン」→「ログイン」と選んでください。

図3-28：ボタンを選択し、「ログイン」のClickFlowを作成する。

「ログイン」ClickFlowについて

　作成された「ログイン」ClickFlowをクリックして内容を表示させてみてください。ここには次のような設定が用意されていることがわかるでしょう。

ログインのタイプ	何を使ってログインするかを指定します。「Email」「Username」の2つが用意されています。
Password	パスワードの値です。

　この他、「ログインのタイプ」で選択した値によって、「Email」「Username」のいずれかの項目が追加されます。

図3-29：「ログイン」ClickFlowの設定。

EmailとPasswordを記入する

　「ログインのタイプ」から「Email」を選択してみてください。これで、「Email」と「Password」が設定項目として表示されます。

　これらの設定の入力フィールドに、すでに登録してあるUsersテーブルのレコードの値を入力してください。どんなものでもかまいませんが、実際にログインできる値にしておきます。

　「プレビュー」で動作を確認しましょう。作成したボタンをクリックすると、指定したメールアドレスでログインします。実行後、「ホーム」に戻るとログインしているユーザーのメールアドレスが表示されるので、それで確認できます。ログインできなかった場合は、ボタンクリックすると下部にエラーメッセージが表示されます。

図3-30：「ログインのタイプ」を「Email」にし、「Email」「Password」二値を記入する。

メールを送信する

ClickFlowの「その他」には、便利な機能として「メール送信」が用意されています。これを利用すると、ボタンクリックでメールを送れるようになります。非常に便利ですから使い方を覚えておきましょう。

では、先ほどの「ログイン」ClickFlowを削除し、「ClickFlowの追加」から「その他」内の「メール送信」メニューを選んでください。

図3-31：「メール送信」メニューを選ぶ。

「メール送信」ClickFlowについて

「メール送信」ClickFlowが作成されます。作成されたClickFlowをクリックし、開いてみてください。その中に次のような項目が用意されているのがわかります。

メールアドレス	送信先のメールアドレスです。
件名	メールのタイトルです。
内容	送信するメールの内容です。

これらに値を入力すれば、メールを送信できてしまうのです。実に簡単ですね！

図3-32：「メール送信」ClickFlowの内容。

送信内容を設定する

　では、メールの送信内容を作成していきましょう。ここでは、次のように各項目のフィールドに値を入力していきます。

　まずは、「メールアドレス」からです。ログインしているユーザーのメールアドレスを使いましょう。フィールド右上に見えるカスタムテキストのアイコンをクリックし、メニューが現れたら「Logged In User」内の「Email」メニューを選びます。これで、ログインユーザーのメールアドレスが設定されます。

図3-33：「メールアドレス」のカスタムテキストアイコンから「Email」メニューを選ぶ。

　続いて、残る2つの入力フィールドにもそれぞれ次のように値を記入しておきましょう。

件名	テスト送信
内容	テストでメールを送信します。

　これで、送信するメールの内容が完成しました。なお、「件名」「内容」については、それぞれで適当に変更してかまいません。

図3-34：「メール送信」の各項目に値を入力する。

動作を確認する

「プレビュー」で動作を確認しましょう。ボタンをクリックしたら、メールアプリを開いてメールが届いているか確認をしてください。問題なく動いていれば、noreply@click.devというところからメールが送られてきているはずです。

図3-35：送信されたメール。

モーダルページを利用する

ボタンを使ってログイン／ログアウトやメールの送信など、いろいろなことができるようになってきましたね。そうなると、「ちゃんと実行されたか」がわかるようにしたいでしょう。例えば「ボタンをクリックするとメールを送信する」というのでも、クリックしても何も変化がないのでは困ります。「メールを送信しました」とメッセージが表示されるなど、何らかの反応が欲しくなるでしょう。

このようなときに利用するのが、「モーダル」というページです。モーダルは、アラートなどのパネルとして表示するページです。これは、普通のページと同じように作成できます。

では、左ウィンドウの「エレメント」タブから、一番上にある「ページ」アイコンをクリックしてください。新しいページを作るパネルが現れるので、次のように設定しましょう。

名前	「アラート」としておきます。
ラジオボタン	「モーダル」を選択します。

このまま「OK」ボタンをクリックすれば、モーダルとしてページが作成されます。

図3-36：「ページ」アイコンをクリックし、モーダルのページを作る。

モーダルページについて

「アラート」というモーダルページが作成されます。このページには、デフォルトでいくつものエレメントが用意されています。四角い枠のようなものがあり、その中にアイコンとタイトル、メッセージといったものを表示するためのエレメントが組み込まれているのです。これがモーダルのページです（図3-37）。

タイトルを修正する

表示を修正しましょう。まずは、タイトルです。タイトルの「テキスト」エレメントを選択し、「エレメント」タブの「テキスト」を「ALERT」と変更しましょう（図3-38）。うまく選択できないときは、エレメントをダブルクリックすると選択できます。

メッセージを修正する

続いて、メッセージのテキストです。タイトルと同様に選択して「エレメント」タブから「テキスト」の値を「問題なく実行されました。」と変更しておきます（図3-39）。とりあえず、これで十分でしょう。

図3-37：モーダルのページ。デフォルトでパネルやアイコン、テキストなどのエレメントが用意されている。

図3-38：タイトルのエレメントのテキストを変更する。

図3-39：メッセージのエレメントを修正する。

「OK」ボタンについて

モーダルには、「OK」というボタンが用意されています。デフォルトでモーダルを閉じる処理が設定されているため、皆さんが何かの設定を行う必要はありません。しかし、どういう処理がされているのかは知っておきましょう。

では「OK」ボタンを選択し、「ClickFlow」タブを選択してください。「ページ移動」のClickFlowが1つ作成されていることがわかるでしょう。これを開いて内容を確認すると、ページの移動に「戻る」が設定されているのがわかります。これにより、モーダルを表示する前に戻るようにしているのですね。

図3-40：「ページ移動」のClickFlowでは「戻る」が選択されている。

モーダルを利用する

作成したモーダルを使ってみましょう。ページの表示を「次のページ」に変更してください。そして、メール送信のClickFlowを設定したボタンを選択し、「ClickFlow」タブから「ページ移動」内の「アラート」を選択します。これが、先ほど作成したモーダルページです。

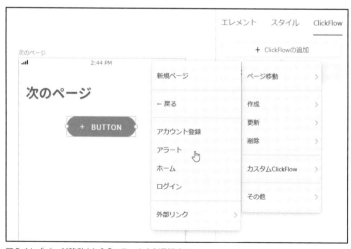

図3-41：「ページ移動」から「アラート」を選択する。

ページ移動の設定

作成された「ページ移動」ClickFlowをクリックして内容を表示してください。そして、「ページ移動時のエフェクト」を「モーダル」に変更します。これで、ページをモーダルとして開くようになります。

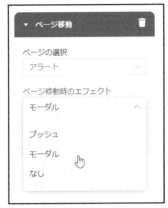

図3-42：ページ移動時のエフェクトを「モーダル」に変更する。

動作を確認する

「プレビュー」ボタンをクリックして動作を確認しましょう。ボタンをクリックするとメール送信後、画面に「アラート」ページを表示します。これは、開いている「次のページ」に重なるようにして表示されます。モーダルはページに重なるパネルのような形で表示されるのです。

このようにモーダルを使うと、アラートやダイアログのような表示を簡単に作ることができます。表示もただモーダルのページに移動するだけですから、使い方も簡単ですね！

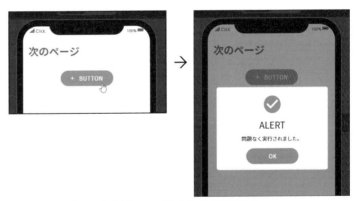

図3-43：ボタンをクリックすると、モーダルのページが表示される。

Chapter 3

3.2.

値の入力エレメント

「インプット」による値の入力

ボタンを使ったさまざまな操作ができるようになったところで、次はユーザーから値を入力してもらう入力フィールド関係について説明しましょう。

Clickには、ユーザから値を入力してもらうUIはいろいろなものが用意されていますが、中でも直接テキストなどを入力してもらうものとしては以下の2つが用意されています。

フォーム	テーブルと連携してレコードを入力するためのものです。
インプット	テキストを入力するものです。

「インプット」が、テキストを入力する際の基本となるエレメントと言っていいでしょう。フォームについてはデータベースと連動して扱うのが基本であるため、もう少し学習が進んだところで使うことにします。まずは、インプットでテキスト入力の基本を覚えることにしましょう。今回も「次のページ」ページを使って作業をしますので、ページを表示しておいてください。

インプットの配置

インプットは、「エレメント」タブの「インプット」というところに用意されています。ここにある「インプット」のアイコンをドラッグし、「次のページ」のページ内にドロップして配置してください。

図3-44：「インプット」アイコンをページまでドラッグ＆ドロップする。

インプットの「エレメント」設定

　配置した「インプット」エレメントを選択しましょう。右ウィンドウには「エレメント」と「スタイル」という2つのタブが表示されます。「ClickFlow」はありません。ClickFlowはその名の通り「エレメントをクリックしたときの処理」を設定するものなので、インプットには用意されないのです。

　では、「エレメント」タブにどのような設定が用意されているか簡単にまとめておきましょう。

名前	エレメントの名前です。
表示設定	常時表示するかどうかを設定するものです。
プレイスホルダー	値が空のときにうっすらと表示される値です。
初期値	最初に設定される値です。
種類	値の種類です。一般的なテキストには「ラベル」が設定されます。
行数	1行のみか複数行入力可能かを指定します。

　「名前」や「表示設定」は、すでにおなじみの項目ですね。それ以外は「インプット」エレメント独自の項目となっています。プレイスホルダーや初期値は、特に設定しなくとも問題はありませんが、その後の2つはきちんと理解し設定しておく必要があります。

　中でも「種類」は、どういう値を入力するかを指定するものです。これはプルダウンメニューになっており、以下の項目が用意されています。

図3-45：「エレメント」タブに用意されている設定。

ラベル	テキスト全般の値です。
数値	数の値を入力するためのものです。
メールアドレス	メールアドレスを入力します。

　デフォルトでは「ラベル」になっていて、テキスト全般が入力可能です。数字を扱う場合は、この種類を「数値」にします。こうすると数字以外が入力できないようになります。

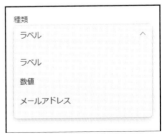

図3-46：「種類」には3つの種類が用意されている。

「テキスト」エレメントを追加する

　「インプット」エレメントはどのように利用するのか。これは、「インプット」がどういう働きをしているかをよく理解しないといけません。

　「インプット」はユーザと値のやり取りをするための基本エレメントです。値を取り出したり、ClickFlowで値を変更したりすることができます。一般的なエレメント、例えば今まで使ってきた「テキスト」や「ボタン」は、表示している値を取り出したりすることはできませんでした。「インプット」だけが値の取得と変更を行えるのです。つまり「インプット」は、Clickでは「さまざまな値を利用するための一時的な保管場所」になっているのです。単に値を入力するだけでなく、入力した値を利用するための保管場所なのです。「インプット」の利用を考えるとき、この点をしっかりと頭に入れておく必要があります。

　では、「インプット」を利用するためのエレメントを追加しましょう。ここでは「テキスト」を1つ用意しておくことにします。「エレメント」タブから「テキスト」をドラッグ＆ドロップしてページに配置してください。表示フォントなどは、それぞれで右ウィンドウの「スタイル」タブから設定しておきましょう。

図3-47：テキストを1つ配置する。

入力した値をテキストに表示する

　簡単なところで、「入力した値をテキストに表示する」ということを行ってみましょう。これは「インプット」ではなく、「テキスト」側で設定をします。配置した「テキスト」を選択し、「エレメント」タブから「テキスト」項目の入力フィールド右上にあるカスタムテキストのアイコンをクリックしてください。現れたメニューの「Form Inputs」という項目にマウスポインタを移動します。これでサブメニューが現れます。

　サブメニューには、アプリに用意されている「インプット」エレメントがすべて表示されます。現時点では「インプット1」しか入力のエレメントはありません。この「インプット1」を選択してください。

図3-48：テキストのカスタムテキストから「インプット1」を選ぶ。

カスタムテキストが設定される

これで、「テキスト」エレメントのテキストに「インプット1」というカスタムテキストが追加されます。インプットに入力した値がそのままテキストに表示されるようになりました。

図3-49：テキストの値にカスタムテキストが追加された。

プレビューで表示を確認

設定ができたら、「プレビュー」ボタンで動作を確認しましょう。インプットのフィールドにテキストを書いてみてください。そのテキストがそのまま「テキスト」エレメントに表示されるのがわかるでしょう。

テキストは入力中も更新されます。「インプット」エレメントにテキストを書いていると、リアルタイムにテキストの表示が変わるのがわかるでしょう。

図3-50インプットにテキストを書くと、リアルタイムにそれがテキストに表示される。

Formulaで計算式を使う

単純に入力したテキストを表示するのは、このように簡単です。では、もう少し複雑なことをさせてみましょう。

Clickのカスタムテキストには、「Formula」というものがあります。これは、計算式を設定するものです。これを利用することで、入力した値を使った計算が行えるようになります。

では、やってみましょう。まず「インプット」エレメントを選択し、「エレメント」タブにある「種類」を「数値」に変更します。これで、インプットには数の値しか書けなくなりました。

図3-51：インプットの種類を「数値」にする。

Formulaを追加する

　先ほど追加した「テキスト」エレメントを選択し、「エレメント」タブの「テキスト」入力した値をすべて消してください。そして「テキスト」のカスタムテキストのアイコンをクリックし、メニューから「New Formula...」を選びます。

図3-52：カスタムテキストのメニューから「New Formula...」を選ぶ。

「計算式の挿入」カスタムテキスト

　テキストに「計算式の挿入」というカスタムテキストが追加されます。これが計算を行うためのものです。

図3-53：「計算式の挿入」が追加される。

　この「計算式の挿入」をクリックしてください。計算式を設定するための小さなパネルがポップアップして現れます。ここに式を記述しておくのです。

図3-54：「計算式の挿入」をクリックする。

計算式を作成する

　計算式を作成しましょう。「計算式を入力してください」と表示された入力フィールドの右上にあるアイコン（カスタムテキストのアイコン）をクリックしてカスタムテキストのメニューを呼び出してください。そして、「Form Inputs」内の「インプット1」を選択します。

図3-55：カスタムテキストの「インプット1」を選択する。

　「計算式を入力してください」のフィールドに、「インプット1」のカスタムテキストが追加されました。

図3-56：「インプット1」が追加された。

式を入力する

　そのまま「インプット1」の後ろをクリックして「*1.1」と入力すると、「x1.1」とテキストが追加されます。これで、「インプット1 x 1.1」という式が設定されました。

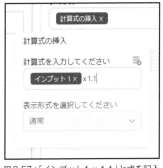

図3-57：「インプット1 x 1.1」と式を記入する。

動作を確認する

式ができたら、動作を確認しましょう。「プレビュー」ボタンでアプリを実行し、「インプット」に適当な数字を記入してください。すると、「テキスト」に1.1倍した値が表示されます。このように、計算式を使えば、「インプット」の値を使った簡単な計算が行えるようになります。

図3-58：数字を入力すると、その1.1倍の値が表示される。

数値の表示形式を設定する

ここで作成したのは、消費税の計算式です。金額を入力すると、10％の消費税が追加された金額が計算され表示されるようになったわけですね。金額ですからただの数字ではなく、冒頭に￥を付けるなどして金額らしい表示にしたいところでしょう。これは、「計算式」カスタムテキストの「表示形式」で行えます。

「テキスト」エレメントの「テキスト」に追加した「計算式の挿入」カスタムテキストをクリックし、設定パネルを呼び出してください。「表示形式」という項目があります。これをクリックすると、表示形式の種類がメニューとして現れます。用意されているのは次のようなものです。

通常	通常の表示です。特に何も変更しません。
カンマ区切り	数字を3桁ごとに二巻まで区切って表示します。
通貨	通貨の金額として表示します。
日付フォーマット	日時を表示します。

金額を表示したい時は「通貨」を利用します。「通貨」には複数の項目がサブメニューとして用意されています。ここから「通貨(円)」と表示された項目を選択してください。表示形式に「通貨(円)」が設定されます。これで、テキストに表示される値が円の金額として表示されるようになります。

図3-59：表示形式のメニューから「通貨」内の「通貨(円)」を選ぶ。

動作を確認

設定できたら、「プレビュー」で動作を確認しましょう。「インプット」に数値を記入すると冒頭に￥記号が付き、3桁ごとにカンマを付けて桁がわかりやすく表示されます。これなら金額の間違いも減りそうですね。

図3-60：結果が円の金額としてフォーマットされるようになった。

パスワードの入力

テキストの入力は基本的に「インプット」エレメントを利用しますが、唯一、例外があります。それは「パスワードの入力」です。

パスワードの入力は、「パスワード」という専用のエレメントを使います。これは「エレメント」タブの「インプット」というところに用意されています。実際に「パスワード」エレメントをページにドラッグ＆ドロップして配置してみましょう。

図3-61：「パスワード」エレメントをページに配置する。

パスワードの「エレメント」タブ

「パスワード」エレメントは「インプット」と非常に似ています。ただし、「インプット」よりはるかに扱いは簡単です。右ウィンドウの「エレメント」タブには次のような項目が用意されています。なお、「名前」「表示設定」は必ず用意されるので省略しておきます。

プレイスホルダー	値が空のとき表示される値です。
初期値	最初に設定される値です。
行数	1行のみか複数行入力可能か。

「インプット」から「種類」以外のものがすべて同じように揃っています。「スタイル」タブも同様で、「インプット」と同じ設定になっています。「パスワード」は、「入力した値がすべて●になって表示されない、値をコピーできない」というだけで、テキストを入力する基本部分は「インプット」と同じなのですね。

図3-62：「パスワード」の「エレメント」タブの設定。

プレビューで表示を確認する

「プレビュー」ボタンで実行し、操作してみましょう。「パスワード」に入力すると、すべてが●に変わるのがわかります。入力したテキストのコピーもできません。

図3-63：パスワードに入力をしてみる。

トグルによる入力

入力のためのエレメントにはテキスト以外のものもあります。その1つが「トグル」です。トグルは、いわゆる「チェックボックス」に相当するエレメントです。これは、「エレメント」タブの「レイアウト/アクション」のところに用意されています。

実際に「トグル」をページに配置してみましょう。すると、小さい四角が表示されたエレメントが作成されます。トグルは、チェックボックスのようにテキストなどのラベルはありません。ただクリックして、チェックをON/OFFする部分だけのエレメントです。

図3-64：トグルを配置したところ。

トグルの「エレメント」タブ

トグルには、右ウィンドウの「エレメント」タブに独自の設定項目を持っています。用意されている項目を簡単に整理しましょう（「名前」「表示設定」は略）。興味深いのは、「アクティブ時と非アクティブ時のアイコン」の設定でしょう。実を言えばこのトグルは、チェックボックスのように「チェックをON/OFFするもの」ではありません。ONとOFFの2つのアイコンを設定しておき、クリックするごとに両者が切り替わるようになっているのです（図3-65）。

チェックボックスのようにチェックをON/OFFするものだけでなく、例えばクリックするとハートが表示されたり、いいねのアイコンが表示されたりするようなものも作ることができます。アイコンはプルダウンメニューにまとめられており、ここから選ぶだけで好きなアイコンを表示できます（図3-66）。

図3-65：「エレメント」タブに用意されている項目。

初期値	初期状態の指定です。
アクティブ時のアイコン	ONの状態のときに表示するアイコンです。
非アクティブ時のアイコン	OFFの状態のときに表示するアイコンです。
輪郭のみ表示	それぞれアイコンを輪郭だけ表示します。

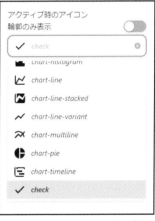

トグルの「スタイル」タブ

トグルは、「スタイル」タブにも独自の設定が用意されています。それは次のようなものです。

図3-66：Clickには、エレメントで使えるアイコンが多数用意されている。

アクティブ時の色	ONのときのアイコンの色です。
非アクティブ時の色	OFFのときのアイコンの色です。
アイコンサイズ	アイコンの大きさです。

このように、アイコンの表示はスタイルで色や大きさを調整できます。

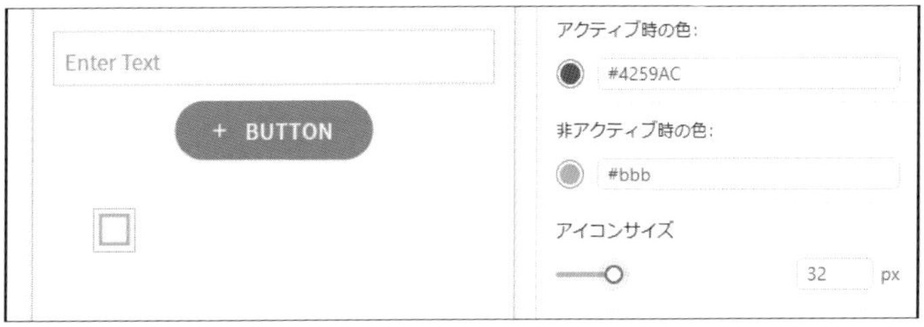

図3-67：「スタイル」に用意されているアイコン関係の項目。

ClickFlowについて

トグルには「ClickFlow」が用意されています。ここには次のような3つの項目があり、それぞれにClick Flowを追加できます。

アクティブ時の動作	アクティブになったときに実行します。
非アクティブ時の動作	非アクティブになったときに実行します。
トグルアイコンをクリック時の動作	クリックしたときに実行します。

ONのとき、OFFのとき、そしてクリックしたら常に実行させる動作を作成することができます。ただし、実際に試してみるとわかりますが、トグルのClickFlowで使える機能は、基本的にデータベース関係のものだけと考えてください。それ以外の機能もありますが、それらを設定するとトグルのON/OFFがうまく機能しないことがあります。例えばエレメントの値を変更したり、メールを送信したりするClickFlowを追加すると、トグルがON/OFFしなくなります。

基本的に、これは「True/Flaseの値の項目があるテーブルの値を操作する」というときに使うものと考えましょう。

図3-68：ClickFlowには3種類の動作が用意されている。

「スイッチ」エレメント

トグルと似たようなものに「スイッチ」というエレメントもあります。これは、スマートフォンでよく見かける「クリックやタップでスイッチをON/OFFするUI」です。これも「エレメント」タブの「レイアウト/アクション」のところに用意されています。

実際にスイッチをページに配置すると、黄色とオレンジの鮮やかな色のスイッチが作成されます。

図3-69：スイッチをページに配置する。

スイッチの「エレメント」タブ

右ウィンドウの「エレメント」タブにはスイッチの設定が用意されています（「名前」「表示設定」は略）。

初期値	初期状態の値です。

用意されているのは、たったこれだけです。スイッチはトグルに比べると非常にシンプルで、独自の設定などはほとんどないのです。

図3-70：スイッチの「エレメント」タブの項目。

スイッチの「スタイル」タブ

ただし、まったく独自の設定がないわけではありません。「スタイル」には、スイッチの色に関する設定が次のように用意されています。

バーの色 オン：	ONのときのバーの色です。
円の色 オン：	ONのときの円の色です。
バーの色 オフ：	OFFのときのバーの色です。
円の色 オフ：	OFFのときの円の色です。

スイッチはオレンジと黄色の鮮やかな色をしていますが、これは「スタイル」で設定されている色だったのですね。これらの値を変更することで、独自の色のスイッチを作ることができます。

図3-71：スイッチに用意されている色関係のスタイル。

スイッチのClickFlow

スイッチにも「ClickFlow」が用意されています。ここには、スイッチをONにしたときとOFFにしたときの動作を作成するための項目があります。これらにそれぞれClickFlowを作成することで、ON/OFF時に自動的に処理を行わせることができます。

ただしこれもトグルと同様に、基本は「データベースの値を操作するためのもの」と考えておくとよいでしょう。ClickFlowにそれ以外の動作（エレメントの値を変更したり、メールを送信したり、など）を設定すると、スイッチを複数回クリックしないと状態が変わらなかったりしてしまい、実用にはなりません。あくまで「データベースのデータ入力用のエレメント」と考えましょう。

図3-72：ClickFlowにはON/OFF時の動作を用意できる。

「日付入力」エレメント

値を入力するためのエレメントとして最後に紹介するは、「日付」を入力するエレメントです。これは「エレメント」タブの「インプット」に「日付入力」として用意されています。

「日付入力」は、名前の通り日時の値を入力するためのものです。「エレメント」タブから「日付入力」エレメントをページにドラッグ＆ドロップして配置すると、「インプット」や「パスワード」などと同じ横長なエレメントが作成されます。

図3-73：「日付入力」エレメントを配置する。

「日付入力」の「エレメント」タブ

「日付入力」は「インプット」などと同様に直接値を入力するエレメントですが、右ウィンドウの「エレメント」タブに用意されている設定は、「インプット」などとはだいぶ違います。以下にまとめましょう（「名前」「表示設定」は略）。

初期値	デフォルトで設定される値です。
フォーマット	値のフォーマット。

「名前」と「表示設定」以外に、初期値とフォーマットという項目が用意されています。これらは日時の値を扱うために必要となるものです。

図3-74：「日付入力」のエレメントの設定。

初期値の設定

「エレメント」タブにある「初期値」は、デフォルトで用意される値を指定するものです。これをクリックするとプルダウンメニューが現れ、そこから値を選択するようになっています。用意されている項目は以下の通りです。

現在時刻	デフォルトで指定されている、今の日時です。
選択	日付を直接指定します。
データベース	データベースやエレメントなどから日時の値を取り出します。

デフォルトでは「現在時刻」という値が設定されており、アクセスしてページが表示されたときの日時がそのまま設定されます。「データベース」にはデータベースのテーブル、アカウント、ページに用意されている他の日付入力のエレメントなどがメニューにまとめられており、そこからメニュー項目を選択して値を設定できます。

図3-75：「初期値」ではメニューにデータベースやページのエレメントなどまとめてある。

「選択」による日時の選択

　指定の日時を初期値に直接設定したい場合は、「初期値」に用意されている「選択」を選びます。これを選ぶと、その下に初期値として指定する値を入力するためのフィールドが現れます。このフィールドは、クリックすると日付と時刻を選択するパネルがポップアップして現れます。ここから日時を選択すればいいのです。

図3-76：「選択」では日時を選んで初期値に指定できる。

「フォーマット」の設定

　「エレメント」タブにあるもう1つの日時に関する設定は「フォーマット」です。クリックすると、次のような項目がプルダウンメニューとして現れます。

日付＆時刻入力	日付と時刻の両方を入力します。
日付入力	日付だけを入力します。

　日時を扱う場合、「日付だけでいい」ということはよくあります。そのようなとき、フォーマットで「日付入力」にすれば、日付だけを扱えるようになります。

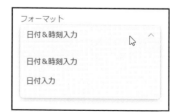

図3-77：「フォーマット」では日時と日付のみを選択できる。

プレビューで表示を確認

　この「日付入力」エレメントはどのように機能するのでしょう。実際に「プレビュー」ボタンで動かしてみましょう。

　「日付入力」は、一見したところは「インプット」と同じような1行だけのテキストを入力するエレメントのように見えます。初期値に「現在時刻」が選択されたままになっていれば、アクセスすると現在の日時がそのまま表示されているでしょう。

図3-78：現在の日時が表示されている。

　では、フィールドをクリックしてみましょう。すると画面の下部に、日付と時刻を選択するためのパネルが現れます。ここで数字をドラッグして動かしOKすると、その日時が「日付入力」に設定されるのです。

図3-79：エレメントをクリックすると、日時を入力するパネルが画面下部に現れる。

Chapter
3

3.3.
その他のよく使うエレメント

シェイプについて

　重要な入力関係のエレメントについて一通り説明をしました。とりあえず、簡単な入力やボタンクリックによる操作などは行えるようになりましたね。が、Click にはまだまだたくさんのエレメントが用意されています。すべて一度にまとめて説明するとなると覚えるのも大変ですから、比較的難しくなく、かつ重要なものをピックアップして説明しておきましょう。

　まずは、「シェイプ」です。シェイプは図形を表示するエレメントです。四角形や円などの簡単な図形を表示するのに使います。このシェイプは「エレメント」タブの「レイアウト／アクション」に用意されています。ここからエレメントをドラッグ＆ドロップして配置すると、デフォルトではグレーの四角いエレメントが作成されます。

図3-80：シェイプをページにドラッグ＆ドロップする。なお、ここでは「次のページ」からタイトルと前に戻るボタン以外をすべて消去したページに配置している。

シェイプのスタイル

　シェイプにも右ウィンドウでさまざまな設定が用意されています。ただし、「エレメント」タブに用意される設定はほとんどありません。ここにはすべてのエレメントに共通の「名前」と「表示設定」が用意されているだけです。

　エレメントの表示は「スタイル」タブに用意されている項目で行います。ここにある色や形状に関する次のような設定を使って図形を表示させるのです。

不透明度	エレメントの透過度を指定します。
塗りつぶし	図形内部の塗りつぶし色です。
枠線	図形の輪郭となる線の色です。
実線	線の種類を選択します。

角丸	角の丸み幅を選択します。
サイズ	輪郭の先の太さです。
シャドウ	影の縦横ズレと色、サイズ、ぼかしなどを設定します。

　基本的には、これらも今まで使ってきた「テキスト」や「ボタン」などのエレメントにあったのと同じようなものです。

　ただし、「シェイプ」は「図形を表示する」ということに特化したエレメントです。他に余計な機能はなく、入力も値の表示もありません。単に「図形を表示する」というだけなら、シェイプを利用したほうがシンプルで使いやすいでしょう。

図3-81：シェイプの「スタイル」タブ。

円を表示する

　シェイプは基本的に四角形を表示するものですが、「円」を表示させることもできます。「スタイル」タブで縦横の大きさを同じにし、「角丸」を最大にします。これで、正円を表示させることができます。ただし、楕円などはこの方法ではできません。図形といっても自由な形が作れるわけではなく、基本的に「四角形と円だけ」と考えてください。

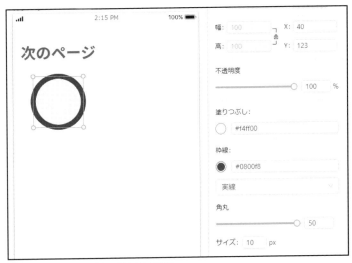

図3-82：スタイルを調整して円を表示させる。

「ファイル入力」エレメント

アプリでファイルを扱いたい、と思うことはあるでしょう。このようなときに利用されるのが、「ファイル入力」エレメントです。「エレメント」タブの「インプット」に用意されています。「ファイル入力」は「インプット」などと同じように、1行だけのテキストを表示する形のエレメントです。ただしテキストを入力するのでなく、ファイルを入力するという点が異なります。

ただファイルを選択するだけのものなので、設定などは特にありません。「エレメント」タブには「名前」と「表示設定」があるだけですし、「スタイル」にも幅・位置・不透明度といった項目があるだけです。表示のスタイルに関するようなものは何も用意されておらず、非常にシンプルなエレメントであることがわかります。

図3-83：「ファイル入力」を配置する。

プレビューで動作を確認

「ファイル入力」をページに配置し、「プレビュー」でどのように機能するのか試してみましょう。実行すると、「ファイルの選択（Choose File）」と表示された「ファイル入力」エレメントが表示されます。「インプット」などと同じようなスタイルをしています（図3-84）。

このエレメントをクリックあるいはタップしてみましょう。すると、ファイルを選択するための表示が現れます。PCの場合はファイルを開くオープンダイアログが現れ、そこでファイルを選択します。

図3-84：実行すると「ファイル入力」が表示される。

スマートフォンの場合、下部に「カメラ」「ファイル」といったアイコンが現れ、ここで選択したものでファイルが選ばれます（図3-85）。「ファイル」アイコンをタップすればファイルを選ぶ画面が現れますし、「カメラ」をタップするとカメラが起動し、撮影したイメージがファイルとして設定されます。

ファイルを選択すると、そのファイル名がエレメントに表示されます。選択したファイルの内容が表示されたりするわけではありません。

図3-85：スマホだと操作を選択する表示が現れる。

ファイルのURLをメールで送信する

「ファイル入力」はファイルを選択すると、そのファイルをClickのサーバーにアップロードします。エレメントではファイル名と公開されているURL、ファイルサイズなどの情報が得られるようになっています。ただし、これらはスタイルや値として表示されるわけではなく、ClickFlowなどで利用することができるようになっています。

実際に使ってみましょう。「ファイル入力」を配置したページにボタンを1つ配置します。そして「ClickFlow」タブから「ClickFlowの追加」をクリックし、「その他」にある「メール送信」メニューを選びます。

図3-86：ボタンに「メール送信」のClickFlowを追加する。

メール送信の設定

作成された「メール送信」のClickFlowをクリックして内容を表示しましょう。そして、次のように項目を設定します。

メールアドレス	カスタムテキストアイコンから「Logged In User」→「Email」を選択します。
件名	「アップロードファイル」と記入します。

図3-87：「メール送信」のClickFlowを開き、値を設定する。

最後の「内容」ではカスタムテキストのアイコンをクリックし、「Form Inputs」→「ファイル入力1」→「URL」とメニューを選びます。これで、「ファイル入力」のURLの値がメールで送信されるようになります。

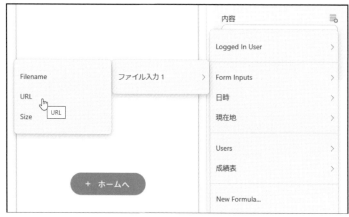

図3-88：カスタムテキストに「ファイル入力」エレメントの「URL」を選択する。

プレビューで実行する

では、「プレビュー」を使って実際に動かしてみましょう。まず「ファイル入力」ボタンをクリックし、ファイル選択してください。そしてボタンをクリックします。これで、アップロードされたファイルのURLがログインしているユーザーのメールアドレスにメール送信されます。

図3-89：ファイルを選択後、ボタンをクリックするとメールを送信する。

メールを確認する

実行すると、メールアプリでclick.devからメールが届きます。このメールには、アップロードされたファイルのURLリンクが記述されています。

図3-90：メールには公開URLがテキストで送られる。

メールのURLをクリックして開いてみましょう。するとアップロードされたファイルが開かれ、表示されます。アップロードしたファイルがちゃんと表示されるか確認してみましょう。

なお、ファイルはイメージやテキストならばWebブラウザでそのまま表示されますが、それ以外のものはブラウザ上ではうまく表示されず、ダウンロードする必要があるでしょう。

図3-91:リンクをクリックすると、アップロードしたファイルが表示される。

「画像」エレメント

イメージを表示するのに使われるのが、「画像」エレメントです。「エレメント」タブの「レイアウト/アクション」に用意されています。

「画像」エレメントは、ただの四角いエレメントに過ぎません。これを配置し、表示するイメージを設定すると、それが表示されるようになるのです。

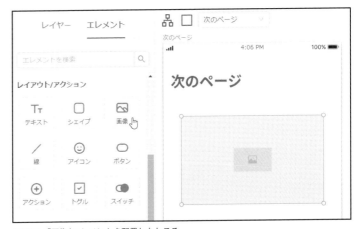

図3-92:「画像」エレメントを配置したところ。

「画像」の「エレメント」タブ

この「画像」には、右ウィンドウの「エレメント」タブに表示するイメージに関する設定が用意されています。必ず用意される「名前」と「表示設定」以外に以下のものがあります。

画像ソース	表示するイメージを設定するものです。
画像がない時の設定	画像がないときに何を表示するかを設定します。
画像トリミング	画像をどのようにトリミングするかを設定します。

表示するイメージに関する設定が2つあるので注意が必要です。「画像ソース」が実際に表示されるイメージを設定するもので、「画像がない時の設定」は表示できないときにどうするかを指定するものです。

画像ソースにはイメージファイルをアップロードする他、データベースに保管されているイメージの表示や、URLを指定しての表示が行えます。しかし、ファイルをアップロードする場合は確実に表示イメージを用意できますが、URLなどではイメージが取得できない場合もあります。そのようなときに「画像がない時の設定」に用意したイメージが表示されるというわけです。

Clickではこのようなときに表示するデフォルトのイメージが用意されているので、通常はそのままで問題ありません。これを自分で指定したイメージなどにカスタマイズしたいときに使うものといっていいでしょう。

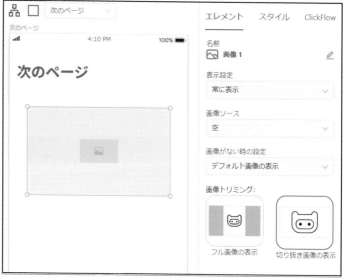

図3-93：画像に用意されている「エレメント」の設定。

イメージを表示する

実際にイメージを表示させてみましょう。「エレメント」タブにある「画像ソース」をクリックし、現れたメニューから「アップロードする」を選んでください。ファイルを選択するオープンダイアログが開かれるので、表示させたいイメージファイルを選択しましょう。利用できるフォーマットは、JPEG、PNG、GIFなどで、標準的なものは一通りサポートされています。

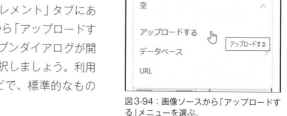

図3-94：画像ソースから「アップロードする」メニューを選ぶ。

ファイルを選択すると、そのファイルがアップロードされ、「画像」エレメントに表示されます。

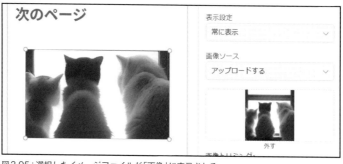

図3-95：選択したイメージファイルが「画像」に表示される。

「画像入力」エレメント

「画像」エレメントと非常に似たものに、「画像入力」というエレメントもあります。これはただイメージを表示するのでなく、その場でイメージを入力するのに使うものです。

「画像入力」は「エレメント」タブの「インプット」に用意されています。配置すると、「画像」と同様に四角い輪郭のエレメントが配置されます。

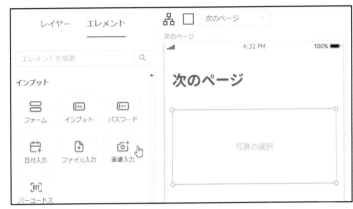

図3-96：「画像入力」エレメントを配置したところ。

「画像入力」の「エレメント」タブ

「画像入力」は単にユーザが操作して画像を選択できるというだけで、基本的な機能は「画像」とほぼ同じです。「エレメント」タブには「画像」と同じ、「画像ソース」「画像がない時の設定」「画像トリミング」といった項目が用意されています。

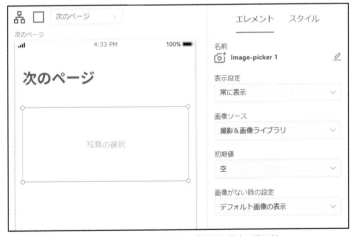

図3-97：画像入力の「エレメント」タブ。基本的に「画像」と設定は同じだ。

実行して動作を確認

「画像入力」と「画像」の違いは、実際に動かしてみるとわかるでしょう。「画像」は、ただ指定したイメージを表示するだけのものです。しかし「画像入力」は違います。

「プレビュー」でアプリを実行したら、配置した「画像入力」をクリックあるいはタップしましょう。すると、PCならばイメージファイルを選択するオープンダイアログが現れます。

スマートフォンではファイルを選択するための表示が現れ、ファイルを選ぶかカメラで撮影してファイルを設定できます。

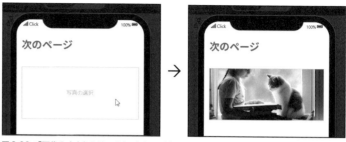

図3-98：「画像入力」をクリックしてイメージファイルを選択すると、そのイメージがエレメントに表示される。

ナビゲーションの「トップ」

入力関係の他にも覚えておきたい重要なエレメントがあります。それは、「ナビゲーション」関係のものです。ナビゲーション関係とはページの移動などに関するもので、「エレメント」タブの「ナビゲーション」に用意されています。ここには「トップ」と「ボトム」という2つのエレメントが用意されています。まずは、「トップ」を使ってみましょう。

「トップ」は、画面の一番上に表示されるエレメントです。これは、画面の一番上に配置します。横長のエレメントで、タイトルと左右にアイコンが表示されます。実際に画面に配置してみれば、「ああ、あれのことか」とすぐにわかるでしょう。多くのアプリの最上部に表示されていますね。またサンプルアプリでも、デフォルトで用意されている「ホーム」ページでは、最初から「トップ」が配置されていました。

図3-99：「トップ」エレメントをページに配置する。

トップの「エレメント」タブ

「トップ」エレメントでは、左右のアイコンとタイトルを表示できます。右ウィンドウの「エレメント」タブでは、これらの設定が次のように用意されています（「名前」「表示設定」は略）。

左アイコン	左に表示するアイコンの設定です。
タイトル	中央のタイトルのテキストです。
右アイコン1	右に表示するアイコンの設定です。
右アイコン2	右に表示するアイコンの設定です。

アイコンの設定は3つあります。トップの右側には2つのアイコンを表示できるようになっているのです。デフォルトでは1つが非表示になっているので、両側に1つずつしかないように見えています。

図3-100：トップの「エレメント」タブの設定。

アイコンの設定は、クリックすると設定内容が表示されるようになっており、以下の3つの項目が用意されているのがわかります。

表示のON/OFF	項目右側にあるスイッチで表示をON/OFFします。
輪郭のみ表示	アイコンを塗りつぶすか輪郭のみにするかを選択します。
表示するアイコン	クリックして表示するアイコンを選択します。

アイコンの大きさや色などは設定できません。トップ全体の色は「スタイル」タブで「塗りつぶし」と「テキスト」の色で設定できます。また、タイトルのテキストは「スタイル」でフォントの設定などが行えます。

図3-101：アイコンでは表示のON/OFFの他、輪郭のみの表示、アイコンの選択ができる。

トップのClickFlow

「トップ」に表示される3つのアイコンには、それぞれClickFlowによる処理を割り当てることができます。

トップの「ClickFlow」タブには、「左アイコン」「右アイコン1」「右アイコン2」と3つの項目が用意されており、それぞれにClickFlowを作成できるようになっています。これにより、アイコンクリックで他のページに移動などが簡単に行えるようになります。

一般的には、左アイコンでは「ページ移動」の「戻る」を指定し、右アイコンには「ログイン」や「登録」などログイン・ログアウト関係のページを指定しておくことが多いでしょう。どのページへの移動を設定してもいいですが、アプリ全体で統一した動きとなるように設定しておきましょう。

図3-102：トップの「ClickFlow」には各アイコンのClickFlowが用意されている。

ナビゲーションの「ボトム」

もう1つのナビゲーションが、「ボトム」です。こちらは、画面の最下部に配置するエレメントです。ボトムはトップと違い、ただアイコンだけが並んで配置されます。デフォルトでは3つのアイコンが並んでいますが、数は調整できます。1〜5個のアイコンを必要なだけ表示させることができます。

図3-103：「ボトム」をページに配置する。

ボトムの「エレメント」タブ

　ボトムの表示に関する設定は、「エレメント」タブにまとめられています。ここには、次のような項目が用意されています（「名前」「表示設定」は略）。

ボトム	選択するアイコンを指定します。
1～5番目のタブ	1～5のアイコンを設定します。

　ボトムは、選択するアイコンを指定するためのものです。また1～5番目のタブの設定は、ボトムに表示するアイコンに関する設定です。これらの設定で、ボトムに表示されるアイコンが作られます。

図3-104：ボトムの「エレメント」タブの設定。

「ボトム」の設定

　「エレメント」タブにある「ボトム」は、どのアイコンが選択されているかを示すものです。ボトムでは、表示されているアイコンのうち1つを選択状態にできます。デフォルトでは、1番目の「ホーム」アイコンが選択状態になっています。他のアイコンと表示が違っているのがわかるでしょう。

　この「ボトム」は、クリックするとアイコンを選択するメニューが現れます。ここで選んだアイコンが選択された状態となります。

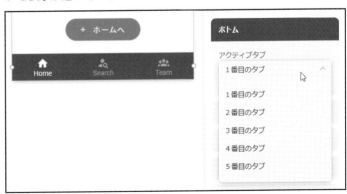

図3-105：「ボトム」で選択するアイコンを選ぶ。

タブのアイコン設定

1～5番目のタブの設定は、クリックすると各アイコンの表示に関する項目が現れます。ここで以下のものを設定します。

表示のON/OFF	項目右側にあるスイッチで表示をON/OFFします。
輪郭のみ表示	アイコンを塗りつぶすか輪郭のみにするかを選択します。
表示するアイコン	クリックして表示するアイコンを選択します。
テキスト	アイコンに表示するテキストを設定します。

なお、表示のON/OFFのためのスイッチは、1番目のアイコンには用意されていません。これは必ず表示します。基本的な設定は「トップ」のアイコンの設定と同じですが、こちらはテキストを表示することができます。

図3-106：1～5番目のタブの設定。

ボトムのClickFlow

ボトムでも、表示するアイコンそれぞれにClickFlowで処理を割り当てることができます。「ClickFlow」タブには、1～5番目のタブについてそれぞれClickFlowを設定するための項目が用意されています。

ボトムのアイコンは、基本的にそれぞれのページへの移動用に使われますから、ここでページ移動のClickFlowを用意しておけばいいでしょう。

図3-107：ボトムのClickFlowの設定。

Chapter 4

データの活用

Clickには「データ」に用意されたテーブルと、
レコードを利用するためのエレメントが用意されています。
それは「フォーム」と「リスト」です。
これらを使ってデータを操作する方法をマスターしましょう。

<table>
<tr><td>Chapter
4</td><td>## 4.1.
....
フォームの利用</td></tr>
</table>

データベースの基本操作

　Chapter 3では主な入力用のエレメントとボタンによるClickFlowについて説明をしましたが、このときにあえて避けていたものがあります。それは「データベース」です。

　ClickFlowにはデータベースを操作するための機能が一通り用意されており、ページの移動の次に使われるのはこれらの機能でしょう。しかし、そのためにはデータベースとキャンバスのUIをつなぐ「フォーム」や「リスト」といったエレメントについて理解しなければいけません。そしてこれらは、エレメントの中でもかなり複雑なものなのです。このため、データベース関係にはあえて触れないでおいたのです。

　基本的なエレメントが使えるようになり、ページの移動などのClickFlowも理解したところで、いよいよデータベースの操作に進むことにしましょう。

データベースとCRUD

　データベース操作の基本は、一般に「CRUD」と呼ばれています。これは以下の4つの操作のイニシャルから付けられています。

Create（新規作成）	レコードを新たに作成します。
Read（取得）	レコードを取得します。
Update（更新）	レコードの内容を変更します。
Delete（削除）	レコードを削除します。

　これらがデータベース操作の基本です。これらが一通りできれば、データベースの基本はほぼマスターしたといってもいいでしょう。

「フォーム」エレメントについて

　データベースの操作を行う際に使われるもっとも重要なエレメントが「フォーム」です。フォームは複数のインプットや操作を実行するボタンなどからなるエレメントです。これは「データ」に用意したテーブルと連携しており、テーブルを設定することで、そのテーブルのレコードを扱うためのフォームが自動生成されるようになっています。

　このフォームは、左ウィンドウの「エレメント」タブにある「インプット」というところに用意されています。

図4-1：「フォーム」は「インプット」に用意されている。

フォームを配置する

では、フォームを配置してみましょう。今回も、Chapter 3まで使ってきた「次のページ」を使うことにします。フォームはかなり大きなエレメントですので、余計なエレメントをすべて取り除いておきましょう。一番上にある「トップ」以外のエレメントはすべて削除しておいてください。

そして、「エレメント」タブから「フォーム」のアイコンをページ上にドラッグ＆ドロップして配置をしましょう。

図4-2：フォームをページに配置する。

フォームの「エレメント」タブ

配置したフォームにはField1、Field2、Field3といったラベルが表示されたインプットと、「SUBMIT」というボタンが用意されています。これは、実はそのまま使われることはありません。デフォルトで用意されているこれらのエレメントは、フォームがどのようなものかを示すサンプルのようなものです。実際にテーブルを設定して利用するときは、この初期状態と表示もガラリと変わることになります。

配置したフォームの設定は右ウィンドウの「エレメント」タブに用意されます。ここには基本の「名前」と「表示設定」の他に次表の項目があります。

図4-3：フォームの「エレメント」タブの設定。

フォーム	フォームに設定するテーブルです。
送信ボタン	送信ボタンを表示します。

「複雑なエレメントだ」といったわりにはシンプルな項目しかありませんね。が、実はシンプルではありません。これは、あくまで何もフォームが設定されていない状態の表示です。フォームを設定すると、設定内容は大きく変化します。

フォームにテーブルを設定する

では、フォームにテーブルを設定しましょう。「エレメント」タブにある「フォーム」をクリックして内容を表示してください。そして、「データを選択してください」と表示された項目をクリックします。利用可能なテーブルがプルダウンメニューとして表示されます。ここから「成績表」テーブルを選択しましょう。

図4-4：フォームで「成績表」テーブルを選択する。

フォームが変更される

テーブルを選んだ瞬間に、ページに配置されているフォームの表示が変わります。Field1、Field2、Field3と表示されていたインプットの項目は、「氏名」「国語」「数学」……と「成績表」テーブルに用意されている列名に変更され、用意される項目数も増えて「成績表」テーブルのすべての列がフォームに用意されます。よく見ると、例えば「追試」などは「トグル」エレメントになっており、列の値の種類に応じて最適な入力用のエレメントが用意されていることがわかるでしょう。

図4-5：フォームと「エレメント」タブの表示が変わる。

フォームが表示しきれない！

フォームが大きくなりすぎてページからはみ出てしまった人もいるかもしれません。このような場合は、ページサイズを大きくして編集しましょう。

ページをデザインしている表示の上のあたりには、小さくページ名（「次のページ」など）が表示されています。この部分をクリックしてください。これでページそのものが選択されます。そのまま「スタイル」タブをクリックし、「高さ」を変更すればページの高さを変更できます。なお、「幅」「高さ」はデフォルトではロックされているので、カギのアイコンをクリックしてロックを外してから変更してください。

フォームの動作を指定する

変わったのは、ページに配置したフォームだけではありません。右ウィンドウの「エレメント」タブに用意される設定項目も変わっています。

先ほどテーブルを選択した「フォーム」を見てください。「データを選択してください」という項目の下に、「動作を選択してください」という項目が追加されています。ここで、選択したテーブルに対してどんな処理を実行するのかを指定するのです。

この項目をクリックすると、利用可能な動作がプルダウンメニューで現れます。現状では「データの追加 成績表」という項目が1つだけ用意されていることでしょう（図4-6）。これは、今の状態では「データの追加」しかできないことを示しています。データの更新や削除を行うには、もう少しフォームの使い方を理解しないといけません。

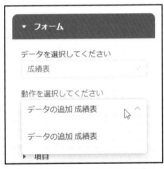

図4-6：「動作を選択してください」で「データの追加 成績表」を選ぶ。

では、用意されている「データの追加 成績表」メニューを選び、もっとも簡単な「データの追加」を行わせることにしましょう。

フォームの項目を設定する

フォームに自動的に用意される入力の項目は、「エレメント」タブに新たに追加される「項目」というところで細く設定をすることができます。

図4-7：「項目」には、テーブルの各列が用意される。

この「項目」をクリックして内容を表示させてみましょう。すると「氏名」「国語」「数学」……というように、成績表テーブルに用意されている列名がすべて用意されていることがわかります。これらで、フォームの各項目について設定を行えるようになっているのです（前ページの図4-7）。

テキストの項目

項目にはどのような設定が用意されているのか見てみましょう。例として「氏名」の項目をクリックして展開してください。すると、次のようなものが用意されているのがわかります。

ラベル	項目のインプットに表示されるラベルのテキストです。
プレイスホルダー	未入力時に表示されるテキストです。
バリデーション	値をチェックするルールを指定します。
行数	入力可能な行数です。
必須項目の有無	必須項目の表示をするかどうか。
必須項目のテキスト文	必須項目の説明テキストです。

図4-8：テキストの項目の設定。

必須項目の設定

重要な項目として「必須項目」に関するものがあります。これは、必須項目とするかどうかを指定するためのものです。Clickではテーブルの列が必須項目か否か（必ず値を設定しなければいけないか、空でもいいか）はテーブルではなく、レコードを作成編集する際のフォームで設定するようになっています。

「必須項目の有無」のスイッチがONになっていると、その項目には必ず値が入力されていなければいけなくなります。何も入力せずにフォームを送信すると、エラーが起きた項目の下にエラーメッセージが表示され、レコードの作成や更新が行えません。このエラーメッセージは「必須項目のテキスト文」で設定することができます。

図4-9：必須項目に入力せずにフォーム送信するとエラーメッセージが表示される。

バリデーションの設定

　もう1つ、「バリデーション」という設定も重要です。これは、入力する値に一定のルールを指定するためのものです。バリデーションはポップアップメニューになっており、次のような項目が用意されています。

なし	ルールを設定しません。
最小値	指定した文字数以上。
最大値	指定した文字数以下。
イコール	指定した文字数。

　「なし」以外の項目を選択すると、下に「長さ」というフィールドが現れ、文字数の値を整数で入力するようになっています。

　現状では、バリデーションは文字数関係のものしか用意されていません。また、現時点では同時に複数のバリデーションも設定できないので、例えば「3文字以上10文字以下」というような設定は行えません。

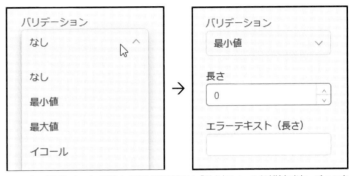

図4-10：バリデーションで「なし」以外を選択すると「長さ」フィールドが追加され、チェックする文字数を指定できる。

数値の項目

　テキスト以外の項目がどうなっているかも見てみましょう。例えばここでの成績表テーブルでは、「国語」「数学」「英語」は数値の列です。こうした数値の列の項目には次のような設定が用意されます。

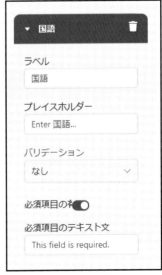

ラベル	項目のインプットに表示されるラベルのテキストです。
プレイスホルダー	未入力時に表示されるテキストです。
バリデーション	値をチェックするルールを指定します。
必須項目の有無	必須項目の表示をするかどうか。
必須項目のテキスト文	必須項目の説明テキストです。

　テキストではなくなったため、「行数」の設定項目はなくなりました。バリデーションはありますが最小値最大値ではなく、「最小最大の文字数（桁数）」になります。例えば最大値「2」ならば、値は「2桁以下の値」となり、3桁以上の値は入力できなくなります。

図4-11：数値の項目の設定内容。

日付の項目

　続いて、日付や日時の項目です。成績表テーブルでは「受験日」の列がこれにあたります。日付の項目には次のような設定が用意されます。

ラベル	項目のインプットに表示されるラベルのテキストです。
必須項目の有無	必須項目の表示をするかどうか。
必須項目のテキスト文	必須項目の説明テキストです。

　表示するラベルと必須項目の設定だけで、具体的な値の入力に関するものはありません。日付は値の入力は専用のパネルを使って行うので、日時以外の値が入力されることはありません。このため、バリデーションなども用意されていないのですね。

図4-12：日付の項目に用意される設定。

Yes/Noの項目

　もう1つ、Yes/Noの項目も見てみましょう。成績表では「追試」という列が用意されていましたね。これには次のような設定が用意されます。

ラベル	項目のインプットに表示されるラベルのテキストです。

　これは、ラベルだけしか設定が用意されていません。トグルを使ってON/OFFするだけのものなので、他に必要な設定はないのです。

図4-13：Yes/Noではラベルしか用意されない。

値の自動入力

　「項目」の設定には、一番下に「自動入力項目」というものが用意されています。これはいったい何か？ それは「デフォルトの値」を指定するためのものなのです。ここで項目と値を用意することで、その項目が未入力だった場合は用意しておいたデフォルトの値を自動的に設定するようになります。

　この自動入力は「必須項目をOFFにする」というときに活用できます。必須項目をOFFにすると、値を入力しなくてもエラーにならずにフォームが送信できるようになります。しかし、そのままでは項目の値が空のままレコードが作成されてしまいます。「自動入力」でデフォルトの値を用意しておけば未入力でも必ず値が用意され、レコードに記録されるようになります。

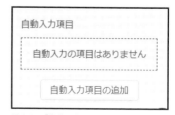

図4-14：「自動入力項目」は、デフォルトの値を用意するもの。

自動入力を追加する

　この自動入力は、「自動入力項目の追加」というボタンを使って作成します。このボタンをクリックすると、レコードに用意されている項目がポップアップして現れます。そこから項目名を選択すると、それが自動入力の項目に追加されます。

図4-15：「自動入力項目の追加」をクリックし、追加する項目を選ぶ。

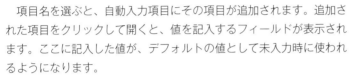

　項目名を選ぶと、自動入力項目にその項目が追加されます。追加された項目をクリックして開くと、値を記入するフィールドが表示されます。ここに記入した値が、デフォルトの値として未入力時に使われるようになります。

　なお、ここで自動入力の項目を用意しても、その項目の「必須項目の有無」がOFFになっていないと未入力時にはエラーとなり、値は自動入力されません。自動入力されるようにするためには、必ず必須項目の有無をOFFにしてください。

図4-16：追加した項目にデフォルトの値を設定する。

フォームでレコードを作成する

　では、用意したフォームを使って成績表のレコードを作成するようにしましょう。まず配置したフォームの「エレメント」タブで、「動作を選択してください」の設定が「データの追加 成績表」になっていることを確認しましょう。新たにレコードを作成する場合は、必ずこれを選択しておきます。

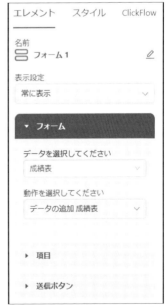

図4-17：フォームの「動作を選択してください」が「データの追加 成績表」なのを確認する。

プレビューで動作を確認する

実際にフォームを使ってみましょう。「プレビュー」ボタンをクリックしてアプリを動かし、フォームのあるページ（「次のページ」）に移動してください。そしてフォームに値を入力し、「CREATE 成績表」ボタンをクリックしましょう。問題なくレコードが作成されればフォームに入力した値がすべて消え、作成したメッセージが表示されます。

図4-18：フォームに値を記入し送信する。

「データ」で成績表テーブルを確認

実際にフォームを使って送信したらプレビューを終了し、表示を「データ」に切り替えて「成績表」テーブルを選択しましょう。そこに、送信したフォームの内容がレコードとして追加されていますか？　レコードがちゃんと追加されていれば、問題なくフォームは動作していることがわかります。

氏名	国語	数学	英語	受験日	追試
しょうだつやの	99	88	77	2023/03/24	×
クミ	39	48	57	2023/03/02	✓
マミ	70	30	50	2023/03/03	✓
イチロー	67	89	87	2023/02/01	×
ジロー	56	47	38	2023/03/13	✓
サチコ	68	79	80	2023/02/03	×

図4-19：「データ」で成績表にフォーム送信したレコードが追加されている。

フォームのClickFlow

フォームにはClickFlowが用意されています。作成した成績表フォームの「ClickFlow」タブを選択してみましょう。すると、そこには「成績表作成」という項目がデフォルトで用意されているのがわかります。

これは、フォームの動作によって追加されたClickFlowです。フォームの動作により作成されているため、勝手に削除することはできません。必ずこのClickFlowが実行されるようになっているのです。

それ以外に、新たなClickFlowを追加することも可能です。例えばレコードを作成した後、別のページに移動するなどは、ここで「ClickFlowの追加」を使って作成できます。

図4-20：ClickFlowには「成績表作成」という項目が自動追加されている。

アカウント登録とフォーム

これで「フォームを作成し、送信してレコードを追加する」という、フォームのもっとも基本的な使い方ができるようになりました。次の「レコードの更新・削除」に進む前に、別のフォーム利用について見ておきましょう。それは、「ログイン」と「アカウント作成」です。Clickのアプリでは、デフォルトでアカウントの作成やログインのページが用意されていました。これらも実は、「フォーム」エレメントを使っています。

ログインで使うアカウントは、デフォルトで用意されている「Users」というテーブルで管理されています。したがって、アカウントの作成は「Usersテーブルにレコードを追加する」という作業なのです。

実際にページを見てみましょう。「キャンバス」に表示を戻し、「アカウント登録」ページを表示してください。ページにはフォームが配置されているのがわかるでしょう。このフォームを選択すると、「エレメント」タブの「フォーム」という設定で「Users」テーブルが選択されていることがわかります。

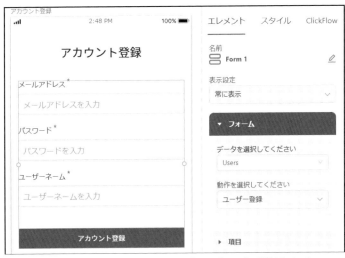

図4-21：アカウント登録のフォームは、データに「Users」テーブルを設定している。

Usersテーブルの動作

このフォームの「フォーム」設定では、「動作を選択してください」の値が「ユーザー登録」になっています。この値部分をクリックすると、利用可能な動作として「ログイン」と「ユーザー登録」の2つしかないことに気づきます。通常のテーブルにはある「データの追加」などは用意されていません。

Usersテーブルはログインするアカウントを管理する、特殊な役割のテーブルです。このため、その他の一般的なテーブルとは動作も違うのです。通常のレコードの追加などは用意されず、使える動作は「ユーザー登録」と「ログイン」という2つに限定されています。

図4-22：Usersテーブルの動作は「ユーザー登録」「ログイン」の2つしかない。

ログインとフォーム

続いて、「ログイン」ページのフォームを見てみましょう。こちらのページにあるフォームでも、「エレメント」タブの「フォーム」ではデータの選択で「Users」が、そして動作には「ログイン」が選択されています。これで、ログインを実行するフォームに設定されていたのですね。

図4-23：ログインページのフォームでは、Usersテーブルに「ログイン」を実行するように設定されている。

なぜ、EmailとPasswordしかないのか?

しかし、ちょっと待ってください。このフォームには項目に「Email」と「Password」しか用意されていません。Usersテーブルには、この他にもUsernameやFull Nameといった列が用意されているはずです。なぜ、ログインはEmailとPasswordだけが表示されているのでしょう。

これは、実は「使わない項目をカットしている」ためです。「エレメント」タブから「項目」の設定をクリックして内容を表示してみてください。すると、項目には「Email」「Password」しかないことがわかるでしょう。それ以外のものはフォームから取り除かれているのです。

これ以外のものを追加したければ、「表示項目の追加」というボタンをクリックして項目を選ぶだけで、その項目をフォームに追加することができます。しかし、ログインというのは基本的にアカウント名（Email）とパスワードだけ入力すればそれで十分です。それ以外の余計な項目は消したほうがわかりやすいため、このように2項目だけのフォームになっているのでしょう。

図4-24：「項目」には「Email」「Password」の2つだけがある。それ以外のものは削除されている。

ログイン関係のClickFlow

「アカウント登録」と「ログイン」ではフォームを利用していることがわかりました。では、ClickFlowはどうなっているのでしょうか。

それぞれのフォームのClickFlowを見ると、「登録」「ログイン」といった項目が用意されているのがわかります。これらはフォームの動作により自動生成されたものです。そして、その後に「ページ移動」で「ホーム」に移動するようになっています。つまり、「ログインするとホームが開かれる」というのは、ClickFlowでログイン後にページ移動していたからだったのですね。

ということは、移動先のページはClickFlowの「ページ移動」を使って自分で設定できることになります。アプリをカスタマイズして、「ログインしたらこのページを表示したい」と思ったときは、この「ページ移動」を修正しましょう。

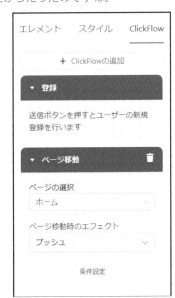
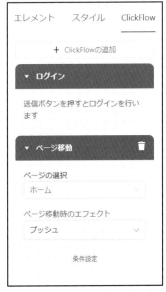

図4-25：アカウント登録とログインのフォームのClickFlow。それぞれ固有の動作の後で「ページ移動」でホームに移動している。

成績表のページを作る

　これでフォームを使ったレコード作成という、データ操作のもっとも基本的なことができるようになりました。さらに、「Recordの表示」「更新」「削除」といったものについて説明をしていくのですが、このままではアプリのページがゴチャゴチャになってしまいそうです。先に進む前に一度アプリのページを整理し、成績表のデータを扱いやすい形に修正しておきましょう。

　まずは、レコードを表示するためのページを用意しましょう。この後でRecordの一覧表示について説明するので、あらかじめ用意しておいたほうがいいですね。

　では、「エレメント」タブの一番上にある「ページ」をクリックし、現れたパネルで名前を「成績表」と入力し、「白紙のページ」ラジオボタンを選択して「OK」ボタンをクリックしてください。

図4-26：「ページ」エレメントをクリックし、「成績表」という名前でページを作る。

　これで新しい、何もない白紙のページが作られます。ここに成績表のデータを表示させることにしましょう。

図4-27：何もない白紙のページが作成された。

「トップ」を追加する

　ページに基本的なエレメントを用意して使いやすくしておきましょう。まずは、「トップ」です。「エレメント」タブから「ナビゲーション」のところにある「トップ」をページの最上部にドラッグ＆ドロップして配置してください。

図4-28：トップをページの上部に配置する。

「戻る」ボタンを設定する

このトップには「戻る」ボタンだけ用意しておくことにします。配置した「トップ」を選択して右ウィンドウの「ClickFlow」タブを選択してください。そして、「左アイコン」の「ClickFlowの追加」ボタンから、「ページ移動」メニューにある「戻る」メニューを選びます。これで、クリックして前のページに戻るボタンができました。

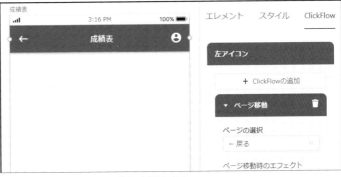

図4-29：トップの左アイコンに「戻る」を追加する。

「ボトム」を追加する

続いて、「ボトム」です。「エレメント」タブから、「ナビゲーション」にある「ボトム」をドラッグしてページの最下部にドロップし配置してください。

図4-30：ボトムをページ下部に配置する。

ボトムの設定

配置した「ボトム」を選択し、右ウィンドウの「エレメント」タブから「ボトム」のアクティブタブを「2番目のタブ」に変更します。これで、2番目（ボトムの真ん中にあるアイコン）がアクティブになります。

図4-31：ボトムのアクティブタブを「2番目のタブ」に変更する。

2・3番目のテキストを変更

続いて、「2番目のタブ」「3番目のタブ」について、それぞれテキストを「成績表」「作成」と変更します。これでボトムのアイコンは、左から「Home」「成績表」「作成」と表示されるようになりました。

図4-32：2番目と3番目のタブのテキストを「成績表」「作成」と変更する。

ボトムのClickFlowを設定する

続いて、アイコンをクリックしたときのページ移動を作成しましょう。配置した「ボトム」を選択したまま、右ウィンドウの「ClickFlow」タブを選択します。そして、まず「1番目のタブ」の「ClickFlowの追加」ボタンをクリックし、「ページ移動」メニュー内の「ホーム」メニューを選びます。これで、左のアイコンをクリックしたらホームに戻るようになります。

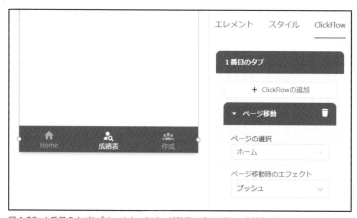

図4-33：1番目のタブに「ホーム」へのページ移動のClickFlowを追加する。

同様に、「3番目のタブ」に「ページ移動」の「次のページ」を追加します。これで、右側のアイコンをクリックしたら次のページ（成績表の作成フォームがあるページ）に移動するようになります。

図4-34：3番目のタブに「次のページ」へのページ移動ClickFlowを追加する。

ホームを修正する

ここまでで「成績表」のページの土台ができました。ここに、実際にレコードを表示するエレメントを作成していくわけですね。

では、このページはひとまずこれで終わりにして、他のページを修正して使いやすくしておきましょう。まずは、「ホーム」からです。

ログインするとまず「ホーム」が開かれますから、ここから「成績表」やレコード作成のページへの移動をしやすくしましょう。これには「ボトム」を使うのがいいでしょう。「ホーム」ページを開き、ページ下部に「ボトム」エレメントを配置してください。

図4-35：「ホーム」の下部に「ボトム」エレメントを配置する。

ボトムのテキストを修正

ボトムを配置したら、表示されるテキストを変更しておきましょう。右ウィンドウの「エレメント」タブから「2番目のタブ」にあるテキストを「成績表」に、「3番目のタブ」にあるテキストを「作成」に、それぞれ修正してください。

図4-36：ボトムの2番目と3番目のテキストを変更する。

ボトムのClickFlowを設定

　続いて、ボトムのアイコンを
クリックしたときのページ移動
を作成しましょう。右ウィンド
ウの「ClickFlow」タブを選択し、
「2番目のタブ」の「ClickFlow
の追加」ボタンで「ページ移動」
メニュー内にある「成績表」メ
ニューを選びます。これで、ク
リックすると「成績表」ページに
移動するようになります。

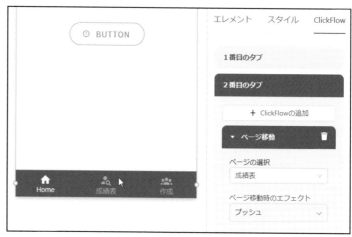

図4-37：2番目のタブに「成績表」に移動するClickFlowを追加する。

　続いて、「3番目のタブ」に「次
のページ」に移動するClickFlow
を追加します。これで、2つの
ページに移動できるようになり
ます。以上で「ホーム」ページの
修正は完了です。

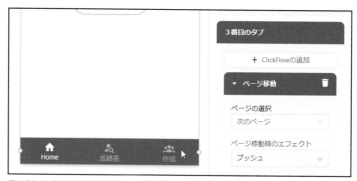

図4-38：3番目のタブに「次のページ」に移動するClickFlowを追加する。

「次のページ」を修正する

　次は、「次のページ」を修正しましょう。ここには成績表を作成するフォームを用意しました。しかし、ペー
ジ名が「次のページ」ではわかりにくいですね。これを修正しましょう。
　「次のページ」を表示し、キャンバスのページ上部に表示されている「次のページ」というページ名の部分
をクリックしてください。ページが選択され、その設定が「エレメント」タブに表示されます。ここにペー
ジ名も用意されています。

図4-39：ページの「エレメント」タブ。

そのまま「ページ名」の右側に見える鉛筆アイコンをクリックし、値を「成績の追加」と書き換えてください。これで、ページ名が変更されます。

図4-40：ページ名を変更する。

トップを修正

ページに配置されている「トップ」を修正します。「エレメント」タブから「タイトル」のテキストを「成績の追加」に変更してください。これで、トップのタイトル表示が変更されます。

図4-41：トップのタイトルを変更する。

フォームにClickFlowを追加する

続いて、フォームを選択してください。「ClickFlow」タブを選択し、「成績表」ページへのページ移動を追加しましょう。これで、フォームから成績を追加したら「成績表」に戻るようになります。以上で「成績の追加」ページの修正も完了しました。

図4-42：フォームに「成績表」に戻るClickFlowを追加する。

動作を確認しよう

これで「成績表」ページの作成と、「ホーム」「成績の作成」ページの修正ができました。「プレビュー」を使って動作を確認しましょう。

ログインして「ホーム」が表示されたら、下部にあるアイコンで「成績表」と「成績の作成」ページに移動できます。「成績の作成」では、フォームに値を書いて送信すると「ホーム」に戻ります。アプリとしてだいぶ使いやすくなりましたね！

では、修正したこれらのページを使って「成績表」テーブルを操作していきましょう。

図4-43：「ホーム」の下部にあるアイコンをクリックすると、「成績表」「成績の作成」に移動するようになった。

C O L U M N

ページ名を変更したらどうなる？

ここでは「次のページ」の名前を「成績の追加」に変更しました。けれど、すでに他のページのボトムなどで「次のページ」に移動するClickFlowなどを作成してしまっています。これらはどうなるのでしょうか？

心配しなくとも、これらはすべて「成績の追加」ページへの移動に更新されます。ですから、すでに作成しているClickFlowを修正する必要はありません。

Chapter 4

4.2.
リストによるレコード表示

リストについて

レコードを作成できるようになったら、次に必要となるデータベース関係の機能は何でしょうか？　それは、やはり「レコードの表示」でしょう。これには複数のレコードを一覧表示するためのエレメントが必要になります。それは、「リスト」と呼ばれるものです。

リストは複数のデータを一覧表示するためのエレメントです。1つだけでなく、複数のものが用意されています。リスト関係のエレメントは「エレメント」タブの「アウトプット」というところにまとめてあります。用意されているリスト関連のエレメントは次のようになります。

図4-44：リスト関係のエレメント。

ベーシック	リストのもっとも基本的なエレメントです。
カード	カード状にデータを表示します。
カスタム	表示をカスタマイズして作成します。
水平リスト	データを横方向に並べます。
タグリスト	タグのテキストを表示します。
アバターリスト	アバターのアイコンを表示します。

これらのうち「水平リスト」「タグリスト」「アバターリスト」は、やや特殊な用途のものと考えていいでしょう。一般的な「テーブルのレコードを一覧表示する」という使い方には、「ベーシック」「カード」「カスタム」のいずれかを使うと考えてください。

「ベーシック」を配置する

では、リストのもっとも基本とも言える「ベーシック」エレメントから使いましょう。先ほど作成した「成績表」ページを開き、「エレメント」タブの「アウトプット」から「ベーシック」をドラッグ&ドロップしてページに配置してください。

図4-45：「ベーシック」を配置する。

「ベーシック」の「エレメント」タブ

　配置された「ベーシック」では、「Title」「Subtitle」……といったテキストの表示された項目がいくつも縦に並んで表示されています。この表示はダミーと考えてください。このまま画面に表示されるわけではなく、「こんな感じでデータが表示されますよ」という目安として表示されています。

　ベーシックでは各データごとにいくつかの表示項目を持っており、それらを配置したアイテムがリストとして表示されます。「エレメント」タブを見ると、ベーシックに用意されている項目の内容がわかります。ここには次のような項目が用意されています。

ベーシック	表示するデータベースのテーブルです。
タイトル	タイトルの表示です。
サブタイトル	サブタイトル（タイトルの下）です。
サブタイトル2	サブタイトルのさらに下のテキストです。
左セクション	左側にあるアバターのような表示です。
右セクション	右側に表示されるアイコンです。

　「ベーシック」は、「ベーシック」項目でまず使用するテーブルを設定します。各アイテム内にはタイトル～右セクションの計5つの項目が用意されており、そこに必要な値を設定し表示させることができます。

　「どの項目にどの値を表示させるか」を考え設定するのが、リスト利用の基本といっていいでしょう。

図4-46：ベーシックの「エレメント」タブの表示。

「ベーシック」の設定

　「エレメント」タブに用意されている項目の中で最初に設定するのは「ベーシック」という項目です。これをクリックすると、次のような設定内容が現れます。

データベースの選択	表示するテーブルを選択します。
スクロールのアクティブ化	配置したエリア内でスクロール表示します。
境界線	アイテムの間に境界線を表示します。

　この中で必ず設定する必要があるのは「データベースの選択」です。これでテーブルを選ばないと、その他の設定が行えません。

　「スクロールのアクティブ化」はONにすると、配置したエレメントの中でスクロール表示します。OFFの場合は、表示するアイテム数に応じてエレメントが拡大されて表示されます。決まったサイズ内でアイテムを表示させたいときにONにします。

　「境界線」は、リストに表示される1つ1つのアイテムの間に線を表示するかどうかを示すものです。OFFにすると、各アイテムが区切られずに続けて表示されます。

図4-47：「ベーシック」に用意されている設定項目。

テーブルを選択する

　では、「ベーシック」にある「データベースの選択」をクリックしてください。そこに「Users」「成績表」とアプリに用意されているテーブルが表示されます。ここから「成績表」メニューを選んでください。

図4-48：「データベースの選択」から「成績表」を選ぶ。

「ベーシック」に追加された設定内容

　テーブルを選ぶと、「ベーシック」に表示されている内容が劇的に変わります。次のような項目が新たに追加されるのです。

フィルター	テーブルから特定のレコードだけを抜き出すためのものです。
並び替え	レコードの並び順を設定します。
上限	扱うレコードの最大数です。
表示数	表示するレコード数です。
追加オプション	追加で用意される設定です。

　「上限」と「表示数」の違いがわかりにくいですが、上限はデータ全体の中で扱う最大数です。例えば「100」とすれば、データの最初から100個だけが利用されます。これに対し表示数は、いくつ表示するかを指定します。

「追加オプション」は、現状では「リストの自動更新」というスイッチが1つ用意されるだけです。

図4-49：テーブルを選択すると「ベーシック」の設定が変化する。

表示を確認する

テーブルを設定したところで、「プレビュー」で表示を確認してみましょう。すると、想像とは違う表示が現れます。たくさんのアイテムがリスト表示されますが、すべて「Title」「subtitle」といったダミーのままの表示なのです。

なぜダミーの表示のままなのか？ それは、「テーブルは設定したけれど、アイテムに用意されている各項目に何を表示するのかがわからないから」です。

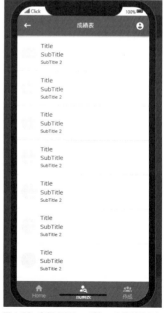

図4-50：実行すると、ダミーの値がそのまま表示されてしまう。

アイテムの表示項目を設定する

リストに表示する各アイテムを設定していきましょう。配置した「ベーシック」を選択し、右ウィンドウの「エレメント」タブから「タイトル」という項目をクリックしてない表を表示してください。

ここには、「テキスト」と「行数」という項目が用意されています。「テキスト」は表示するテキスト、「行数」は1行のみか複数行表示するかを指定するものですね。これらを設定して、リストに何を表示するかを決めていくのです。

図4-51：「タイトル」の内容を表示する。

レコードの「氏名」を表示する

タイトルには成績表テーブルの「氏名」の値を表示させることにしましょう。「タイトル」の「テキスト」項目の右上にあるカスタムテキストのアイコンをクリックし、現れたメニューから「Current 成績表」内の「氏名」を選んでください。

このカスタムテキストにある「Current テーブル名」という項目は、「リストの各アイテムに割り当てられるレコード」を示すものです。ここにあるメニュー項目は、「割り当てられたレコードの列の値」を示しています。ここからメニュー項目を選ぶことで、各レコード内の値を割り当てることができるのです。

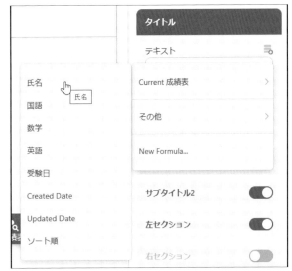

図4-52：「Current 成績表」から「氏名」メニューを選ぶ。

カスタムテキストが追加される

メニューを選ぶと、「テキスト」のフィールドに「Current 成績表 > 氏名」と表示されたカスタムテキストのパーツが追加されます。これで、各レコードの「氏名」列の値がタイトルに表示されるようになります。

図4-53：「Current 成績表 > 氏名」が追加された。

サブタイトルに点数を表示する

続いて、「サブタイトル」です。ここでも同様にカスタムテキストのメニューから「Current 成績表」にあるメニュー項目を選んで項目を追加していきます。ここでは「国語」「数学」「英語」の3項目を追加しましょう。見やすいように、それぞれの間にカンマを付けるなどしておくといいでしょう。

図4-54：国語・数学・英語の得点をサブタイトルに追加する。

サブタイトル2に受験日を表示する

次は、「サブタイトル2」です。これには受験日を表示させましょう。カスタムテキストのメニューから「Current 成績表」内の「受験日」メニュー項目を選択します。これで、受験日のカスタムテキストが追加されます。

図4-55：サブタイトル2に受験日を表示する。

日付のフォーマットを変更する

以上で、受験日の日付が表示されるようになります。けれど、このままでは日付は相対的な表示になります（「○○日前」というような形式）。きちんと年月日が数字で表示されるようにするためには、日付のフォーマットを変更する必要があります。

では、「サブタイトル2」に追加された「Current 成績表 > 受験日」の項目を右クリックしてください。カスタムテキストの設定が現れます。

図4-56：「サブタイトル2」のカスタムテキストを右クリックする。

「日付フォーマット」の値をクリックし、ポップアップして現れたメニューから「日時 2021/……」と表示された項目を選択してください。これですべての項目を絶対的な表記にして表示します。

図4-57：日受験日の日付フォーマットを変更する。

完成したリスト設定

これで、一通り設定が行えました。残りの「左セクション」「右セクション」は今回は使わないので、表示のスイッチをOFFにして表示されないようにしておきましょう（図4-58）。

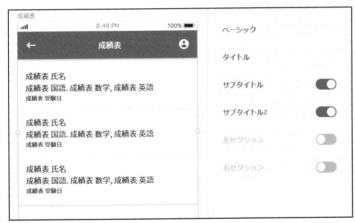

図4-58：左セクションと右セクションはスイッチをOFFにしておく。

プレビューで表示を確認

これで完成です。「プレビュー」ボタンを使ってアプリを実行し、表示を確かめてみましょう。リストに成績表のレコードがずらっと表示されるのがわかるでしょう。リストに、各レコードの内容がちゃんと表示されるようになりました！（図4-59）

図4-59：実行すると、リストに各レコードの値が表示されるようになった。

並び順を変更する

これで、リストにレコードをズラッと表示させることができるようになりました。ただ、そのまま表示するだけではちょっと見づらいこともあるでしょう。そこで、表示に手を加える方法を覚えましょう。

まずは、「並び替え」です。レコードをそのままではなく、特定の列の値を基準にして並び替えて表示します。これは、「エレメント」タブの「ベーシック」に用意されている「並び替え」を使います。

この値はプルダウンメニューになっており、クリックすると、並び替える方式がメニューとしてズラッと表示されます。基本的には指定の列の値について「小さい順か、大きい順か」を選べばいいでしょう。例えば「国語 - Low to High」を選べば、「国語」の点数が小さいものから順に並び替えられます。

図4-60:「並び替え」には各列ごとに並び替える方式がメニューにまとめられている。

ちょっと注意が必要なものとして、「氏名 - A to Z」という項目を選んでみましょう。これは「氏名」の値を基準にして、ABC順に値を並び替えるものです。

図4-61:「氏名 - A to Z」を選ぶ。

プレビューで表示を確認する

並び順を指定したら、「プレビュー」で表示を確認してみましょう。リストに表示されるレコードが並び替えられているのがわかるでしょう。

ただしよく見ると、正確に「ABC順（あいうえお順）」になっていないことに気がつくかもしれません。例えば、「タロー」より「イチロー」のほうが後にきていたりします。

実際にさまざまな値で並び順を試してみると、ABC順の場合は、まず「文字数が少ないものから順」に並び替えられていることがわかるでしょう。そして同じ文字数の場合は、ABC順に並べられるのです（2023年3月時点での挙動）。

この挙動は、一般的なABC順とはかなり違うものです。こういう仕様なのか、あるいは将来的に通常のABC順（テキストの長さに関係なくABC順で並び替える）となるのか、そのあたりはわかりません。今後のアップデートに注目しましょう。

図4-62:リストのレコードが並び替えられている。

フィルターの設定

もう1つ、リストの表示に関して覚えておきたいのが「フィルター」です。フィルターは特定の条件を設定し、その条件に合うレコードだけが取り出され表示されるようにするためのものです。

フィルターは「エレメント」タブの「ベーシック」内に用意されています。デフォルトでは、「フィルター」というところには「All 成績表」というものが表示されているでしょう。これは、「成績表」テーブルのすべてのレコードを表示することを示しています。

では、独自にフィルターを設定したい場合はどうするのか。それは、その下に見える「+ OR」と表示されたボタンをクリックします。

図4-63：「フィルター」では、デフォルトで「All 成績表」が選択されている。

カスタムフィルター

「+ OR」をクリックすると、「フィルター」の下に「カスタムフィルター」という項目が追加されます。ここに、独自のフィルター設定を行います。設定は「列の選択」というところでフィルターに使う列を選択し、それに必要な値を指定していきます。必要な設定内容は、選択した列によって変化します。

図4-64：カスタムフィルターでは、フィルターに利用する列を選択する。

「追試」の学生だけを表示

では、設定をしてみましょう。まずは簡単な例として、「追試の学生だけを表示する」フィルターを作ってみます。

「列の選択」のメニューをクリックし、「追試」を選択してください。

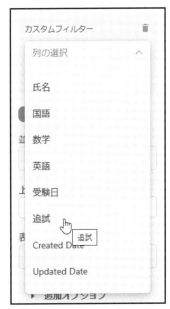

図4-65：フィルターで「追試」を選択する。

「はい」を選択

「追試」を選ぶと、その下に値を選ぶプルダウンメニューが追加されます。ここから「はい」を選択しましょう。これで、「追試」の値が「はい」のものだけを表示するフィルターが作成されました。

図4-66：値から「はい」を選択する。

プレビューで確認

設定できたら、「プレビュー」を使って表示を確認しましょう。レコードの「追試」の項目がONになっているものだけが表示されます。

図4-67：追試がONのものだけが表示される。

平均点以上のものだけを表示する

「追試」のように、値が「はい」か「いいえ」しかないような列は扱いも簡単です。では、数値の列を利用する場合はどうでしょうか。

数値の場合、「〇〇と等しい」「〇〇より大きい、小さい」というように、値を比較する設定が行えます。このとき非常にユニークなのは特定の値だけでなく、「合計」や「平均」なども利用できる点です。

例として、「国語の点数が平均以上のものを表示する」というフィルターを作りながら、数値のフィルターで使える機能について説明をしましょう。

では、先ほど設定したカスタムフィルターの列を「追試」から「国語」に変更してください。

図4-68：カスタムフィルターの列を「国語」に変更する。

数値フィルターの設定

「国語」に変更すると、その下に表示される項目が変化します。次の項目が表示されるようになります。

「国語」	使用する列
「等しい」	値をどう比較するか
「空」	比較する値

　数値フィルターは、列と値と、その2つを比較する演算子から構成されています。これらを指定して、2つの値を比較するフィルターを作ります。

図4-69：数値のフィルターは、列、演算子、値の3つの項目で設定される。

用意されている演算子

　「等しい」と表示されている項目は、2つの値を比較する演算子となるものです。ここには次のような多数の項目が用意されています。

等しい	列の値が指定の値と等しい
等しくない	列の値が指定の値と等しくない
～より大きい	列の値が指定の値より大きい
～より小さい	列の値が指定の値より小さい
～以上	列の値が指定の値と等しいか大きい
～以下	列の値が指定の値と等しいか小さい
～の間	列の値が指定した2つの値の間に含まれる

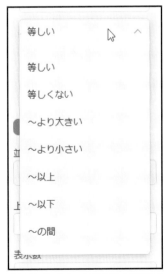

図4-70：フィルターの演算子として用意されている項目。

　これらを使うことで、列の値を元にレコードを取り出せるようになります。単に大きいか小さいかだけでなく、「～の間」を使えば「〇〇から××まで」というように範囲を設定することもできます。

値の設定

　演算子のプルダウンメニューの下には空のフィールドがあります。ここに、比較する値を入力します。

　このフィールドは直接クリックして値を記入することもできますが、右端の「∨」をクリックすると、各テーブルがメニューにまとめられ表示されます。ここで、指定したテーブルから値を得て処理を行えるようにできます。

図4-71：値の項目には、各テーブル名がメニューとしてまとめられている。

数値列の関数

　では、値のメニューから「成績表」にマウスポインタを移動しましょう。すると、テーブルにある列がサブメニューに現れます。ここからさらに「国語」の上にマウスを移動すると、次のような項目が現れます。

Count	列名の上にあります。列数を表します。
Sum	その列の合計を表します。
Average	その列の平均を表します。
Minimum	その列の最小値を表します。
Maximum	その列の最大値を表します。
Min / Max	その列の最小値と最大値を表します。

　これらはClickに搭載されている簡単な関数です。例えば「国語」から「Maximum」を選べば、最高得点の値が得られます。このように各列から統計上の値を取り出し、フィルターに利用できるようになっているのです。

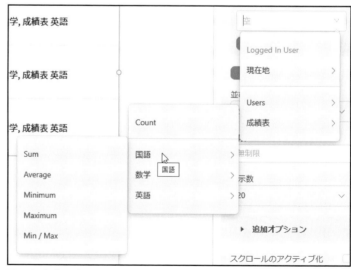

図4-72：各列に用意されている関数のメニュー。

国語が平均以上のみ表示

では、フィルターを設定してみましょう。カスタムフィルターの項目をそれぞれ次のように選択してください。

列名	「国語」
演算子	「～以上」
値	「All 成績表 > 国語 > Average」

これで、国語の点数が平均以上のものだけを表示するようにフィルターが設定されました。

図4-73：国語が平均以上だけを表示する。

ANDとOR

このカスタムフィルターは、1つしか条件が用意できないわけではありません。カスタムフィルターの下には「＋ AND」と「＋ OR」という2つのボタンが用意されています。これらをクリックすることで、次のフィルター条件を作成することができます。

では、なぜ2つもボタンが用意されているのか。それは、2つの条件をどのように扱うかが違うからです。これらは次のように条件を扱います。

「＋ AND」	すでにあるフィルターと新たに追加するフィルターの両方が成立するものだけを取り出します。
「＋ OR」	すでにあるフィルターと新たに追加するフィルターのどちらかが成立すれば取り出します。

一般にANDの方式を「論理積」、ORを「論理和」と言います。ANDは「すべて成立するものだけ取り出す」というもので、ORは「すべて成立しないものだけ取り出さない」というものです。つまり「どれかが成立し、どれかが成立しない」という場合の扱いが違うのですね。

図4-74：フィルターには「＋ AND」と「＋ OR」のボタンが用意されている。

表示を確認しよう

　フィルター設定ができたら、「プレビュー」で表示を確認しましょう。国語が平均以上のものだけが表示されます。

図4-75：国語が平均以上のものだけを表示する。

全教科が平均以上

　やり方がわかったら、「数学」「英語」についても同じ条件を設定しましょう。「＋ AND」ボタンでフィルターを追加し、数学と英語についてそれぞれ平均以上のものだけが表示されるように設定します。

　これで、3教科すべてについて平均以上のものだけを表示するフィルターができました。

図4-76：国語、数学、英語のすべてが平均以上の設定を作る。

表示を確認

　フィルターが完成したら、「プレビュー」を使って表示を確認しましょう。3教科すべてが平均以上のレコードだけが表示されるようになります。

図4-77：3教科すべてが平均以上のものが表示される。

レコードを検索する

　フィルターを使って特定の条件に合うレコードを取り出すことができるようになりました。この機能を
もう少しアレンジすれば、「検索」機能が作成できることに気がつくでしょう。フィルターの対象となる値
をインプットなどに入力した値にすればいいのです。では、やってみましょう。

　リストの位置を少し下に移動して、上に少しスペースをあけてくだ
さい。そして、そこに「インプット」エレメントを1つ配置しましょう。

図4-78：リストの上にインプットを1つ配
置する。

インプットの名前を変更

　配置したインプットを選択し、右ウィンドウの「エレメント」タブから「名前」の値を「検索」と変更してお
きます。

図4-79：インプットの名前を変更する。

カスタムフィルターを整理する

　では、カスタムフィルターを作成しましょう。先ほど作ったカスタ
ムフィルターは、すべてゴミ箱アイコンをクリックして削除してくだ
さい。そして、改めて「＋ OR」ボタンで新しいフィルターを用意しま
しょう。項目には「氏名」を選択しておきます。

図4-80：カスタムフィルターの項目を「氏
名」にする。

演算子を「含む」にする

　項目の下にある演算子のプルダウンメニューから「含む」を選択します。テキストの場合、ここには「等しい」「等しくない」の他に、「含む」「含まない」というものが用意されます。「含む」を使うと、指定したテキストを含むものをすべて探すことができます。

図4-81：「含む」を選択する。

値に「検索」を指定する

　「含む」を選ぶと、その下に値を入力するフィールドが現れます。この右端の「v」をクリックしてメニューを呼び出し、「From Inputs」内にある「検索」メニュー項目を選択します。これで、氏名に「検索」インプットの値を含むものを表示するフィルターが作成できました。

図4-82：値のフィールドに「検索」を設定する。

プレビューで動作を確認

できたら、「プレビュー」ボタンで動作を確認しましょう。「検索」イ
ンプットに何も入力していない状態では、すべてのレコードが表示さ
れるようになっています。

図4-83：何も入力しないとすべて表示される。

「検索」インプットにテキストを記入すると、そのテキストを指名
に含むものだけを検索します。例えば「あ」と記入すれば、「あ」を含
むものをすべて表示します。いろいろと入力をして表示を確認しま
しょう。

図4-84：「検索」に入力したテキストを含む
ものだけが表示される。

検索はアイデア次第

これで、インプットに入力した値を使ったフィルターが作成できました。この機能を活用すれば、いろい
ろな検索が行えるようになります。

例えば数値を入力するインプットを用意して、指定の点数以上のものだけを表示する、ということもでき
ますね。いろいろな使い方を考えてみましょう。

4.3.

レコードの表示・更新・削除

リストからレコードを取り出し処理する

リストには各レコードの情報が保管されています。ただ表示するだけでなく、そこから「選択した特定の
レコードを他のページに持ち出す」ということができます。これにより、特定のレコードの情報を利用した
ページを作成できるのです。

例えば、レコードの内容を詳しく表示するページ。あるいは、フォームを使ってレコードを編集するペー
ジ。表示したレコードを削除するページ。こうしたものは、「リストからレコードを他のページに持ち出す」
という機能を使って作成するのです。

リストの ClickFlow

リストから他のページにレコードを持ち出すには、リストの ClickFlow を使います。ページに配置した成
績表のリストを選択し、「ClickFlow」タブを選択してみてください。そこに2つの項目が用意されているの
がわかります。

リスト	リストの項目をクリックしたときの処理です。
右セクション	リストのアイテム右側に表示されるアイコンなどをクリックしたときの処理です。

リストには、この2つのClick
Flowが設定できます。リスト
のアイテムをクリックしたとき
と、右側に表示するアイコンを
クリックしたときです。いずれも、
ClickFlowでべつのページに移
動したときには、クリックした
アイテムのレコードが移動先の
ページに渡されます。

図4-85：リストのClickFlow。アイテム全体と右側のアイコンそれぞれにClickFlowを用意
できる。

「新規ページ」を選択

　では、ClickFlowを使って新しいページにレコードを持ち出してみましょう。リストの「ClickFlow」にある「リスト」をクリックして開き、「ClickFlowの追加」ボタンから「ページ移動」内にある「新規ページ」メニュー項目を選択します。

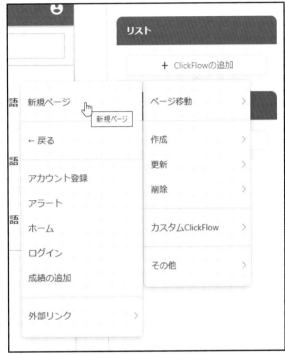

図4-86：リストのClickFlowに「新規ページ」を追加する。

「成績表示」ページを作る

　ページを作成するパネルが現れたら、名前を「成績表示」と入力します。ラジオボタンは「白紙のページ」のままにしておきます。これで「OK」ボタンをクリックすれば、新しいページが作成されます。

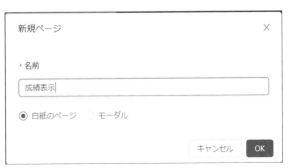

図4-87：「成績表示」という名前でページを作成する。

詳細表示ページを作る

新しいページで、持ち出したレコードを利用した表示を作成しましょう。まずは、「レコードの内容を表示する」ということから行ってみます。

作成されたページは、まだ白紙の状態ですね。ここに必要なエレメントを追加していきましょう。

図4-88：作成された白紙のページ。

トップを配置する

まずは、「トップ」エレメントを配置しましょう。配置すると、自動的にタイトルが「成績表示」に変わります。

図4-89：トップを配置する。

左アイコンに「戻る」を設定

このトップの左アイコンに、前のページに戻る機能を割り当てておきます。「ClickFlow」タブを選択し、「左アイコン」の「ClickFlowの追加」ボタンから「ページ移動」内の「戻る」メニューアイテムを選んでください。

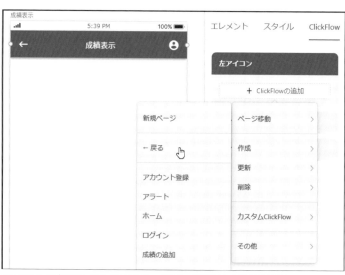

図4-90：トップの左アイコンのClickFlowに「ページ移動」内の「戻る」を選ぶ。

ClifkClowが追加される

　これで、「左アイコン」に「ページ移動」のClickFlowが追加され、「ページの選択」には「戻る」が設定されます。移動する前のページ（リストのページ）に戻る機能ができました。

図4-91:「ページ移動」のClickFlowが作成された。

テキストを配置する

　「レコードを持ち出す」と言いましたが、持ち出されたレコードはどのように利用するのでしょうか。ページやエレメントを見ても、レコードらしきものが実際に用意されてはいません。

　持ち出されたレコードは、カスタムテキストとして追加されているのです。したがって、カスタムテキストを利用するときに、レコードの値を使えばいいのです。

　例えば、ここではレコードの内容を表示するページを作りますが、これにはテキストを必要なだけ用意し、それぞれにレコードの列の値を割り当てていけばいいのです。

　では、やってみましょう。「テキスト」エレメントを1つ、ページに配置してください。名前は「氏名」と変更しておきましょう。そして、「エレメント」タブの「テキスト」項目にあるカスタムテキストのアイコンをクリックし、メニューを呼び出してください。ここに「Current 成績表」と表示されたメニュー項目が用意されているのがわかるでしょう。これが、このページに持ち出された成績表のレコードです。ここから「氏名」メニュー項目を選択しましょう。

図4-92:「テキスト」のカスタムテキストから「Current 成績表」の「氏名」を選ぶ。

カスタムテキストが追加される

　「テキスト」項目に「Current 成績表 > 氏名」と表示されたパーツが追加されます。これで、このテキストにレコードの「氏名」の値が表示されるようになりました。

図4-93：「Current 成績表 > 氏名」が追加された。

国語のテキストを用意する

　やり方がわかったら、他の列を表示するテキストも作成していきましょう。まずは「国語」です。新しいテキストを追加し、名前を「国語」と変更しておきます。そして、「エレメント」タブの「テキスト」の値を「国語：」と書き換え、その後にカーソルを移動してカスタムテキストのメニューから「Current 成績表」内の「国語」メニュー項目を選びます。これで、「テキスト」に「国語」の値が表示されるようになりました。

図4-94：「国語」エレメントに国語の値を表示させる。

数学・英語を作る

　同様にして、数学と英語の点数を表示するテキストを作成しましょう。これで、3教科の点数が表示されるようになります。

図4-95：数学と英語のテキストを追加する。

受験日を表示する

さらに「テキスト」エレメントを追加し、テキストにカスタムテキストの「Current 成績表」から「受験日」を選択して値を入力します。

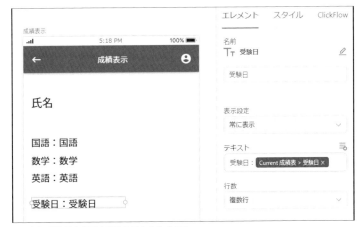

図4-96：受験日を表示するテキストを作成する。

フォーマットを設定する

追加された「Current 成績表 > 受験日」のパーツをクリックし、現れたパネルから「日付フォーマット」を見やすいものに変更しておきます。日付だけで、時刻のないフォーマットにしておきましょう。

図4-97：受験日のフォーマットを設定する。

追試トグルを追加する

続いて、「追試」列の表示です。これは、True/Falseの値でしたね。こうしたものはトグルを利用するのがいいでしょう。トグルを1つ配置し、その横にテキストで「追試」とラベルを表示しておきます。

配置したトグルを選択し、「エレメント」タブの「初期値」から「Current 成績表」内の「追試」メニュー項目を選んで設定します。これで、追試の値に基づいてON/OFFが表示されるようになります。

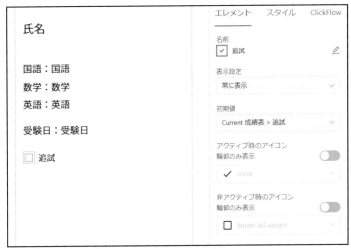

図4-98：トグルの初期値に「追試」の値を設定する。

動作を確認する

これで、一通りの表示項目が用意できました。「プレビュー」ボタンでアプリを実行し、動作を確かめてみましょう。成績表のリストのページを開いたら、適当に項目をクリックしてください。

図4-99：リストの項目をクリックする。

レコードの内容が表示される

ページが移動し、クリックした項目の内容が表示されます。リストでクリックしたレコードの内容が次のページに持ち出され、表示されるのが確認できるでしょう。

レコードの編集

この「レコードの別ページへの持ち出し」が活きてくるのは、レコードの編集でしょう。レコードの編集は、持ち出されたレコードを「フォーム」エレメントに割り当てることで、簡単にレコードを更新できるようになります。

図4-100：クリックしたレコードが表示される。

では、実際にページを作ってみましょう。まず、「成績表」ページに配置してあるリストの「右セクション」を使えるようにします。リストを選択したら、「エレメント」タブにある「右セクション」のスイッチをONに変更してください。クリックして内容を表示したら「タイプ」を「アイコン」に設定し、アイコンを選んでください。これは、レコードの編集を行うものということがわかるようなものを探して選んでおきましょう。

図4-101：右セクションをONにし、アイコンを表示する。

右セクションにClickFlowを追加する

ONにした右セクションに
ClickFlowを追加します。「Click
Flow」タブを選択し、「右セク
ション」のところにある「Click
Flowの追加」をクリックしてく
ださい。そこから「ページ移動」
内の「新規ページ」メニュー項目
を選びます。

図4-102：右セクションに「新規ページ」のClickFlowを追加する。

新規ページのパネルを入力する

新しいページを作成するためのパネルが現
れたら、名前を「成績の編集」と入力します。
ラジオボタンは「白紙のページ」を選んでく
ださい。そのまま「OK」ボタンでページを作
成しましょう。

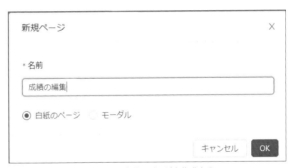

図4-103：「成績の編集」という名前でページを作成する。

「トップ」を配置する

新しいページが作成されたら、
「エレメント」タブから「トップ」
エレメントをドラッグ＆ドロッ
プして配置します。トップのタ
イトルは「成績の編集」と設定さ
れます。

図4-104：「トップ」エレメントを配置する。

左アイコンに「戻る」を設定する

トップの左アイコンに、前の
ページに戻るClickFlowを追
加します。「ClickFlow」タブを
選択し、「左アイコン」の「Click
Flowの追加」から「ページ移動」
内の「戻る」メニュー項目を選択
します。

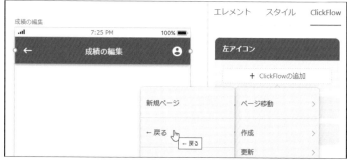

図4-105：左アイコンに「戻る」を設定する。

ClickFlowの「左アイコン」に、「ページ移動」が追加されます。「ペー
ジの選択」では「戻る」が指定されているのを確認しましょう。

フォームを配置する

トップで前のページに戻る処理ができたら、いよいよページに
フォームを追加しましょう。「エレメント」タブから「フォーム」をド
ラッグ＆ドロップしてページに配置してください。

図4-106：「ページ移動」が追加された。

図4-107：フォームを配置する。

フォームにテーブルを設定する

　では、フォームの設定を行いましょう。「エレメント」タブから「フォーム」をクリックして内容を表示してください。そして、まず「データを選択してください」のプルダウンメニューから「成績表」メニュー項目を選びます。これで、成績表の項目がフォームに表示されるようになります。

図4-108：フォームに「成績表」テーブルを設定する。

「データの更新」を設定する

　その下に「動作を選択してください」というプルダウンメニューが表示されます。ここから「データの更新 成績表」メニュー項目を選んでください。これで、成績表テーブルのレコードを更新するフォームが作成されました。

　成績表のレコードを更新する作業そのものがこれで設定されます。ClickFlowなどを設定しなくとも、これでもうフォームによるレコードの更新は完成です。

図4-109：「データの更新 成績表」を選択する。

ページ移動を追加する

レコードの更新そのものはできましたが、もうひと手間かけておきましょう。更新したら、リストのページ（「成績表」ページ）に戻るようにしておきます。

「ClickFlow」タブから「ClickFlowの追加」をクリックし、「ページ移動」内の「成績表」メニュー項目を選択します。

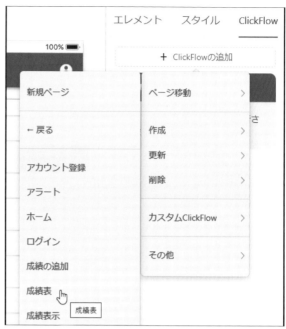

図4-110：ClickFlowで「成績表」ページに戻る処理を追加する。

ClickFlowには、「成績表更新」というデフォルトの項目の下に「ページ移動」が追加されました（図4-111）。これで、レコードを更新したら「成績表」ページに戻るようになります。

プレビューで動作を確認する

以上で、レコードの編集は完成です。「プレビュー」で動作を確認しましょう。「成績表」のページを開いたら、アイテムの右側に表示されるアイコンをクリックしてください（図4-112）。「成績の編集」ページに移動します。

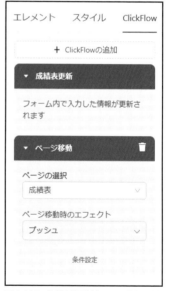

図4-111：「成績表更新」の下に「ページ移動」が追加された。

図4-112：リストの右側に見えるアイコンをクリックする。

フォームにレコードが表示される

　フォームが表示され、フォームの各項目に先ほどリストでクリックした項目の値が表示されます。このまま値を書き換えて送信すれば、レコードが更新されるというわけです。

　更新作業は、フォームの「エレメント」タブにある「フォーム」設定を行うだけです。このページに持ち出されたレコードの値が自動的にフォームに設定され、送信すれば編集を行うようになります。

図4-113：フォームにはクリックしたアイテムの値が設定される。

レコードの削除

　続いて、レコードの削除です。削除は編集のように「フォームを配置して設定すれば自動で行ってくれる」という形では用意されていません。そもそもレコードの削除はフォームを用意する必要もないわけで、ただ「このレコードを削除する」と実行するだけですみます。これはClickFlowに用意されているので、ボタンなどを配置してレコード削除のClickFlowを実行すればいいのです。

　実際にやってみましょう。新たにページを作ってもいいのですが、先にRecordの内容を表示するページ（「成績表示」ページ）を作りましたから、ここに削除のボタンを追加することにします。「成績表示」ページを開き、ページの空いているところに「ボタン」エレメントを1つ配置してください。

図4-114：「成績表示」ページにボタンを1つ配置する。

ボタンの表示を修正する

配置したボタンを選択し、「エレメント」タブから表示を修正しましょう。名前とテキストを「削除する」と書き換えてください。

図4-115：ボタンの名前とテキストを「削除する」に変更する。

ClickFlowを追加する

削除のClickFlowを追加します。「ClickFlow」タブを選択し、「ClickFlowの追加」ボタンから「削除」内にある「Current 成績表」メニュー項目を選びます。これで、ページに持ち出されている成績表テーブルのレコードが削除されます。

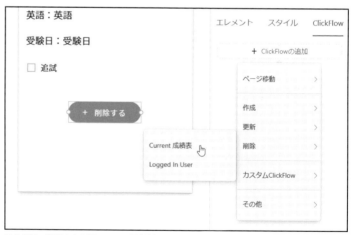

図4-116：「削除」内の「Current 成績表」メニューを選ぶ。

ページを移動する

　削除したら、リストの表示ページに戻りましょう。「ClickFlowの追加」ボタンから「ページ移動」内の「成績表」メニュー項目を選択します。これで削除後、「成績表」に戻るようになります。

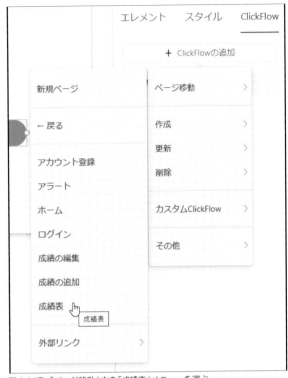

図4-117：「ページ移動」内の「成績表」メニューを選ぶ。

ClickFlowを確認

　2つのClickFlowが用意できました。ClickFlowには「成績表削除」と「ページ移動」の2つが配置されています。以上で、ボタンの処理は完成です。

図4-118：2つのClickFlowが用意できた。

動作を確認する

処理ができたら、「プレビュー」で動作を確認しましょう。まず「成績表」のページを開き、リストに表示されるレコードを確認します。そこから削除したい項目をクリックします。

図4-119：リストから削除したい項目をクリックする。

「削除する」ボタンをクリック

「成績表示」ページに移動し、クリックしたレコードの内容が表示されます。そこにある「削除する」ボタンをクリックします。

図4-120：「削除する」ボタンをクリックする。

レコードが削除される

再び「成績表」ページに移動します。リストには、削除したレコードが表示されなくなっています。削除され、リストから消えたのが確認できます。

図4-121：削除したレコードは消えている。

CRUDはデータアクセスの基本

以上で、レコードの「作成（Create）」「取得・表示（Read）」「編集・更新（Update）」「削除（Delete）」について一通り行えるようになりました。作成や表示は、ただページにフォームやリストを配置して設定するだけで作成できます。しかし編集や削除は、ページを用意しただけでは作れません。リストからそれらのページにレコードを持ち出し、その持ち出されたレコードに対して処理を行う必要があります。これには、リストからClickFlowを使って作業するページに移動する必要があります。ただ移動するだけではダメなのです。「レコードを別のページに持ち出して処理する」という方法を、ここできちんと理解しておきましょう。

Chapter 4

4.4.
その他のリストエレメント

「カード」エレメントについて

　リストとデータアクセスの基本について一通り理解できました。リストの使い方はもうだいたいわかったことでしょう。

　しかし、リストは「ベーシック」以外にもあります。こうしたその他のリストについても使い方を見ていきましょう。まずは、「カード」についてです。

　「カード」は、レコードをカード状に並べて表示するものです。このエレメントが「ベーシック」と大きく異なるのは、「イメージの表示を中心に行う」ことでしょう。「カード」はイメージをデータに持つテーブルを表示する際に使うものなのです。

「Users」テーブルを修正する

　実際に「カード」を利用してみましょう。そのためには、まず「イメージを含むテーブル」がないといけません。

　新たにテーブルを作ってもいいのですが、今回はすでにあるテーブルにイメージの項目を追加して利用することにします。修正するのは「Users」テーブルです。そう、アカウントの管理にデフォルトで用意されている、あの「Users」です。

　UsersテーブルはClickのシステムによって利用されるものであるため、削除したりすでにある項目を変更したりすることはできません。けれど、新たに独自の項目を追加することはできるのです。

　では、編集画面を「キャンバス」から「データ」に変更し、左側にある「データベース」から「Users」をクリックして内容を表示しましょう。

図4-122：「データ」の表示に切り替え、「Users」を選択する。

「画像」項目を追加する

Usersに項目を追加しましょう。「データベース」の「Users」テーブルの項目を表示すると、下に「項目を追加」というテキストが表示されます。これをクリックすると、メニューがプルダウンして現れます。この中から、「画像」というメニュー項目を選んでください。これが、イメージデータを扱うためのものです。

図4-123:「項目を追加」から「画像」メニューを選ぶ。

項目名を入力する

画面に「項目の追加」というパネルが現れます。ここで、追加する項目のタイプと名前を入力します。タイプはすでに「画像」が選択されていますね。名前の欄に「画像」と記入し、「OK」ボタンをクリックしてください。

図4-124：パネルで項目の名前を入力する。

「画像」項目が追加された

パネルが消え、「データベース」の「Users」内に「画像」という項目が追加されます。これで、イメージデータを保存する項目が用意できました。

図4-125：Usersテーブルに「画像」が追加された。

画像を保存してみる

　画像を保存してみましょう。画面には、Usersテーブルのレコードが表示されていますね？（されていない場合は「Users」テーブルを選択する）　そこに表示されているレコードをクリックしてください。

図4-126：レコードのリストから、編集するレコードをクリックする。

編集パネルが現れる

　画面に、「Usersを編集」と表示されたパネルが現れます。ここにはフォームが用意され、クリックしたレコードの内容が表示されます。「画像」という項目が追加されているのがわかるでしょう。

図4-127：「Usersを編集」パネルが現れる。

イメージファイルをアップロードする

では、「画像」のところにある
「アップロード」をクリックし、
イメージファイルを選択してく
ださい。選んだファイルが送信
され、「画像」にイメージとして
表示されます。そのまま「OK」
ボタンをクリックするとパネル
が消え、レコードのリストの「画
像」に縮小されたイメージが表
示されます。

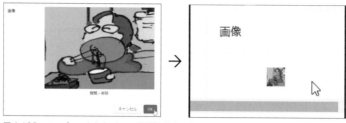

図4-128：アップロードしたイメージが「画像」に表示される。

アカウント登録の修正を行う

これで、Usersにイメージファ
イルを保存できるようになりま
した。次に、「アカウント登録」
を修正して、アカウントの作成
時にイメージをアップロードで
きるようにしましょう。

「アカウント登録」ページを表
示し、ページに配置されている
アカウント登録のフォームを選
択してください。

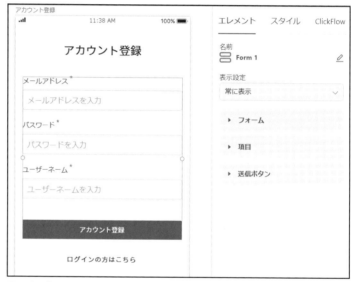

図4-129：「アカウント登録」ページのフォームを選択する。

フォームに項目を追加する

フォームに、「画像」の項目を追加しましょう。「エレメント」タブの「項目」をクリックして内容を表示し
てください。ここに、「表示項目の追加」というボタンがあります。これをクリックすると追加する項目がポッ
プアップ表示されるので、そこから「画像」を選択します（図4-130）。

「画像」が追加される

フォームに「画像」という項目が追加されます（図4-131）。追加されるとフォームの大きさがかなり大き
くなるので、配置されているエレメントの位置を調整して、うまくすべてのエレメントが表示されるように
調整してください。これで、アカウントを登録する際にイメージデータを追加できるようになりました。

図4-130:「表示項目の追加」から「画像」を選ぶ。

図4-131:フォームに画像が追加された。

「ホーム」のトップにアイコンを追加する

では、「カード」を利用してUsersのレコードを表示するページを作りましょう。トップに2つ目の右アイコンを表示し、これをクリックして移動させることにしましょう。

ページに配置されている「トップ」エレメントを選択し、「エレメント」タブから「右アイコン1」のスイッチをONにしてください。これで、トップの右側に2つのアイコンが表示されるようになります。アイコンはわかりやすいものを適当に選んでおきましょう。

図4-132:「右アイコン1」をONにする。

右アイコンから新しいページを作成する

追加した右アイコンをクリックしたら、新しいページに移動するようにしましょう。「ClickFlow」タブを選択し、「右アイコン1」の「ClickFlowの追加」をクリックしてメニューを呼び出します。そして、「ページ移動」内の「新規ページ」メニュー項目を選択してください。

図4-133：「右アイコン1」に「新規ページ」のClickFlowを追加する。

カード表示用のページを作る

新しいページを作成するためのパネルが現れるので、名前に「アカウントリスト」と記入しましょう。ラジオボタンは「白紙のページ」のままにしておきます。

入力して「OK」ボタンをクリックすれば、新しいページが作成されます。

図4-134：名前を「アカウントリスト」とする。

トップを配置する

新しいページにエレメントを作成しましょう。まずは、「トップ」を用意します。画面の最上部に「トップ」エレメントを配置してください。

図4-135：「トップ」エレメントを追加する。

左アイコンに「戻る」を設定する

「トップ」の左アイコンに、前のページに戻る処理を追加します。「ClickFlow」タブを選択し、「ClickFlowの追加」から「ページ移動」内の「戻る」メニュー項目を選択します。

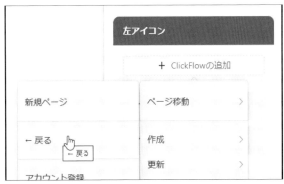

図4-136：左アイコンに「戻る」を追加する。

「左アイコン」に「ページ移動」が追加されます。ページの選択に「戻る」が設定されているのを確認しておきましょう。

「カード」エレメントを作成する

では、「カード」エレメントを使いましょう。カードは「エレメント」タブの「アウトプット」に用意されています。ここから「カード」をページにドラッグ＆ドロップして配置してください。

配置されたカードには、イメージと「Title」「Subtitle」「Subtitle2」といった項目がカード状にまとめられたものが縦横に並んでいます。これは、もちろんダミーの表示です。この1つ1つのカードに実際のレコードの情報がはめ込まれて表示されます。

図4-137：作成された「左アイコン」のClickFlow。

図4-138：「カード」エレメントをページに追加する。

データベースの設定

カードを利用するには、どのテーブルを割り当てるかを指定します。「エレメント」タブの「カードリスト」から「データベースの選択」の値をクリックしてください。すると、利用可能なテーブル名がメニューで表示されます。ここから、「Users」を選択します。

図4-139：データベースの選択を「Users」に設定する。

「カードリスト」の設定

データベースが選択されると、「カードリスト」に必要な設定が用意されます。基本的には「ベーシック」にあったものと同じです。「フィルター」「並び替え」「上限」「表示数」といったものがあり、「ベーシック」と同様に、表示するレコードについて必要な設定が用意できます。

図4-140：「カードリスト」に用意される設定項目。

カードの項目を設定する

これで、使用するテーブルが設定されました。しかし、これだけではレコードの情報はカードに表示されません。カードに用意されている各項目に、「テーブルのどの列の値を表示するか」を指定していく必要があります。

では、順に設定をしていきましょう。まずは「画像」からです。「エレメント」タブに用意されている「画像」をクリックして内容を表示してください。「画像ソース」という項目が用意されています。ここで表示するイメージを指定します。

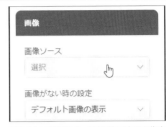

図4-141：「画像ソース」で表示する画像を選ぶ。

「画像ソース」をクリックするとメニューが現れます。ここから「データベース」内の「Current User」の、さらに中にある「画像」メニュー項目を選択してください。

図4-142：「Current User」にある「画像」を選ぶ。

タイトルを設定する

続いて、タイトルの表示を設定しましょう。「エレメント」タブにある「タイトル」を選択し、内容を表示します。そこにある「テキスト」のフィールドを空にし、カスタムテキストのアイコンをクリックして「Current User」内にある「Email」を選択します。

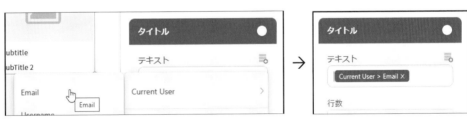

図4-143：タイトルに「Email」を設定する。

サブタイトルを設定する

同様に、サブタイトルを設定します。「サブタイトル」の内容を表示し、「テキスト」のカスタムテキストのアイコンから「Current User」内の「Username」メニュー項目を選択しましょう。

図4-144：サブタイトルに「Username」を設定する。

表示する項目を整理する

とりあえず、これでいいでしょ
う。それ以外の項目（「サブタ
イトル2」など）は使わないので、
スイッチをOFFにして表示しな
いようにしておきます。

図4-145：各項目の設定。サブタイトル2はOFFにしておく。

動作を確認する

では、動作を確認しましょう。「プレビュー」で実行してください。
ログアウトしている場合は、まず「アカウント登録」のページが開か
れます。ここでのフォームには、「画像」が追加表示されるようになり
ました。

図4-146：アカウント登録には「画像」が表
示されるようになった。

「画像」の部分をクリックして画像を選択すると、それがフォームに表示されます。スマートフォンの場合は「画像」をタップするとカメラを選択し、その場で撮影して画像を設定することもできます。

その他の項目も入力して「アカウント登録」ボタンをクリックすれば、アカウントが登録されます。

図4-147：フォームを入力し送信すればアカウント登録される。

ホームからアカウントリストを表示

ログインすると、「ホーム」ページにアクセスします。ここから、トップに追加した右アイコンをクリックしてください（図4-148）。

「アカウントリスト」のページに移動します。カードのリストに、登録されているアカウントの画像とメールアドレス、名前といったものがまとめて表示されます（図4-149）。「カード」エレメントがどのようなものか、これでよくわかりますね。

図4-148：トップに追加したアイコンをクリックする

図4-149：カードに画像が表示される。

「カスタム」によるリスト表示

この他に、もう1つ覚えておくべきリストがあります。それは、「カスタム」です。カスタムは自分でオリジナルな表示のリストを作成するためのものです。

「ベーシック」や「カード」は、そこに表示される項目があらかじめ決まっており、それぞれの項目にレコードの列を割り当てて表示を作成しました。しかし「カスタム」は、リストのアイテムに表示する内容そのものを作成することができます。

では、「カスタム」を使ってみましょう。今回は新しいカードではなく、すでに作成した「成績表」の「ベーシック」を削除して、「カスタム」でリストを作り直してみることにします。「成績表」ページを開き、配置してある「ベーシック」エレメントを選択して削除してください。

図4-150：「成績表」のページにあるベーシックを削除する。

カスタムを配置する

次に、「エレメント」タブの「アウトプット」にある「カスタム」をドラッグしてページに配置しましょう。カスタムは、TitleとSubtitleという2つの項目があるリストの形をしています。といっても、これらはデフォルトで用意されている項目であり、このまま使う必要はありません。あくまで「表示する項目のサンプル」と考えてください。

図4-151：「カスタム」エレメントを配置する。

カスタムの「エレメント」タブ

配置したカスタムを選択し、「エレメント」タグを見てみましょう。ここにはエレメントの基本設定である「名前」と「表示設定」の他に、次のような項目が用意されています。

カスタム	このエレメントの基本的な設定です。
エレメント	組み込まれているエレメントです。
列	列数を設定します。

「カスタム」には使用するテーブルの指定やフィルター、並び替えなどの設定がまとめられています。「エレメント」はカスタム特有のもので、このカスタムに組み込まれているエレメント類と、その設定が用意されます。「列」は表示するアイテムの列数を指定するもので、例えば「2」にすれば、アイテムが2列になって表示されます。

図4-152：カスタムの「エレメント」タブの設定。

テーブルを指定する

では、カスタムの設定をしましょう。まずは「カスタム」の内容を表示し、そこにある「データベースの選択」から「成績表」メニュー項目を選択します。

図4-153：データベースの選択から「成績表」を選ぶ。

「カスタム」の設定

　データベースの選択を行うと
「カスタム」の表示が変わり、フィ
ルターや並び替えの項目が用意
されます。このあたりの表示は、
これまでの「ベーシック」や「カー
ド」とまったく同じです。ここで
は特に設定はしませんが、必要
に応じて並び替えなど用意して
おくとよいでしょう。

図4-154：「カスタム」の設定にフィルターや並び替えが追加される。

カスタムのエレメントについて

　「カスタム」の表示を作成していきましょう。まずは、デフォルトでどのようなものが用意されているの
か確認しておきましょう。
　「エレメント」タブにある「エレメント」の項目をクリックして内容を展開表示すると、そこには次のよう
なものが用意されているのがわかります。

section	「Shape1」という名前が表示されているでしょう。この「section」という項目は、カスタムのアイテム表示のベースとなるものです。「シェイプ」エレメントを使って作成されています。
label	「Text ○○」と表示された項目が2つあるでしょう。これらはタイトルとサブタイトルの表示をするエレメントです。ダミーとして用意されているものです。

　「カスタム」は自分で表示を作成できますが、その基本的な構造を頭に入れておく必要があります。カス
タムにリスト表示するアイテムはベースとなるエレメント（通常はシェイプ）を配置し、その中にテキスト
などのエレメントを配置して表示を作成していきます。このベースとなるシェイプが、sectionと表示され
ているものです。
　このsectionとなるエレメントは、必ず用意しなければいけないわけではありません。カスタムのアイテ
ムに直接テキストなどを配置することも可能です。ただ、カスタムでは背景色などの表示設定は持っていな
いため、それぞれのアイテムごとの表示を整えるためにはsectionとなるシェイプを用意しておくのが賢明
でしょう。

こうしてカスタム内に配置されたエレメント類は、配置したものすべてをまとめて1つのアイテムの表示として扱われます。配置したものがレコードごとに複製されてカスタムにリスト表示されている、と考えればいいでしょう。

図4-155：カスタムの「エレメント」には、配置されているエレメントがまとめて表示される。

エレメントを作成する

では、エレメントを作成していきましょう。デフォルトで用意されているエレメントをそのまま利用してもいいのですが、今回は一から表示を作成することにしましょう。カスタムに配置されているエレメントを選択し、すべて削除してください。

なお、エレメントはカスタムの一番上のアイテムに表示されています（2番目以降は表示だけでエレメントはありません）。一番上のアイテムに表示されている項目をダブルクリックするとそのエレメントが選択されるので、そのまま Delete キーで削除しましょう。

図4-156：エレメントを選択し、すべて削除する。

シェイプを配置する

　アイテムのエレメントを作っていきましょう。まず最初に用意するのは、sectionとなるシェイプです。「エレメント」タブから「シェイプ」エレメントをページにある「カスタム」エレメントの中にドラッグ＆ドロップして配置しましょう。

図4-157：シェイプをエレメントに配置する。

シェイプの表示を修正する

　配置したシェイプの表示を整えていきます。大きさは、テキストが1行表示できる程度の高さにしておきます。また、各アイテムが見やすいように背景に色を付けたり、枠線を表示させたりしてもいいでしょう。それぞれで見やすくなるようにスタイルを調整してください。

図4-158：シェイプのスタイルを調整する。

氏名用のテキストを配置する

　シェイプ内に表示用のエレメントを作っていきます。まずは、氏名を表示するテキストです。「エレメント」タブから「テキスト」をドラッグし、ページに配置した「カスタム」エレメントのシェイプ内にドロップしてください。そして、「エレメント」タブから名前を「氏名」と変更しておきます。

図4-159：テキストを1つ配置し、名前を「氏名」としておく。

テキストを設定する

　「エレメント」タブにある「テキスト」の値を作成しましょう。デフォルトで書かれているテキストを削除し、カスタムテキストのアイコンをクリックして現れたメニューから「Current 成績表」内の「氏名」メニュー項目を選択します。これで、テキストに「Current 成績表 > 氏名」というパーツが追加されます。

図4-160：「テキスト」のカスタムテキストから「Current 成績表」の「氏名」を選択する。

2つ目のテキストを追加する

　続いて、教科の点数を表示するテキストを用意します。「テキスト」エレメントを、氏名のテキストの隣に配置してください。名前は「国語」としておきます。

図4-161：テキストを配置し、「国語」という名前にする。

テキストを設定する

　配置した「テキスト」エレメントのテキストを設定します。カスタムテキストのアイコンから「Current 成績表」内の「国語」を選び、カスタムテキストを追加してください。これで、このテキストには国語の点数が表示されます。

図4-162：カスタムテキストの「Current 成績表 > 国語」を追加する。

残りの教科のテキストを作る

　やり方がわかったら、残る数学と英語のテキストも作成しましょう。「テキスト」エレメントを追加し、テキストにカスタムテキストの「Current 成績表」から数学と英語の点数を設定するだけです。

　すべて配置したら、大きさや位置を調整して見やすく整えておきましょう。

図4-163：国語・数学・英語の3教科の点数用テキストを用意する。

プレビューで表示を確認

　これで、カスタムの表示は完成です。「プレビュー」を使って表示を確かめてみましょう。成績表テーブルから氏名と3教科の点数がリスト表示されるのが確認できるでしょう。

図4-164：成績表をリスト表示する。

ClickFlowを作成する

　リストの表示はこれでできるようになりました。しかし、先に作成してあった「ベーシック」のリストでは、リストのアイテムをクリックして編集ページやレコードの内容表示のページに移動するようになっていました。「カスタム」に変更しても、これらのページに移動する機能は用意しておく必要があります。

　まずは、カスタムにリスト表示されるアイテムをクリックするとレコードの内容を表示するページ（「成績表示」ページ）に移動するようにしましょう。カスタムを選択し、「ClickFlow」タブを選択してください。そして「ClickFlowの追加」をクリックし、「ページ移動」内の「成績表示」メニューを選んで「成績表示」ページに移動するClickFlowを作成します。

図4-165：カスタムに「成績表示」ページに移動するClickFlowを追加する。

プレビューで確認

　ClickFlowを作成したら、「プレビュー」で表示を確認しましょう。カスタムのリスト表示ページに移動し、表示されているリストからレコードの項目をクリックしてみてください。

図4-166：カスタムリストから項目を選択する。

内容の表示ページに移動する

　アイテムをクリックするとページを移動し、クリックしたレコードの内容が表示されたページが現れます。「カスタム」エレメントから「成績表示」ページにちゃんとレコードが取り出されているのが確認できます。

図4-167：アイテムをクリックすると、そのアイテムの成績表示ページになった。

移動用のアイコンを追加する

　リストからの移動はもう1つ、「編集用のページに移動する処理」も作らないといけません。「カスタム」のエレメントそのものには、ClickFlowの処理は1つしか用意できません。そこで、アイコンを1つ追加することにしましょう。

　「アイコン」エレメントは、「エレメント」タブの「レイアウト/アクション」に用意されているものです。これは文字通り、アイコンを表示するためのエレメントです。

　では、「アイコン」エレメントをカスタムのシェイプ内にドラッグ＆ドロップして配置しましょう。

図4-168：「アイコン」エレメントを配置する。

アイコンを設定する

　「アイコン」エレメントを配置したら、「エレメント」タブから「アイコン」の値を設定して見やすいものに変えておきましょう。サンプルでは右向き矢印にしておきました。

図4-169：表示するアイコンを設定する。

ClickFlowを追加

　追加された「アイコン」をクリックしてページ移動の処理を追加しましょう。「ClickFlow」タブから「ClickFlowの追加」をクリックし、「ページ移動」内の「成績の編集」メニュー項目を追加します。これで、ClickFlowに「ページ移動」が追加されます。

図4-170：アイコンにページ移動のClickFlowを追加する。

動作を確認する

では、「プレビュー」で動作を確認しましょう。「成績表」のページにきたら、表示されているアイテムのアイコンをクリックしてみてください。

図4-171：リストからアイコンをクリックする。

「成績の編集」ページの移動

「成績の編集」ページに移動し、リストでクリックしたレコードの値がフォームに設定されて表示されます。クリックしたレコードがちゃんとフォームに表示されるのが確認できるでしょう。

図4-172：フォームにレコードが設定され編集できる。

「カスタム」はアイデア次第

これで、「カスタム」を使ったオリジナルなリストの作り方がわかりました。ここでは「テキスト」エレメント中心でしたが、レコードの値によっては画像やトグルなどを利用することもできます。基本がわかったら、どのようなエレメントが利用できるか、いろいろと試してみましょう。

Chapter 5

高度なエレメントの利用

Clickには高度な機能を実現してくれるエレメントがいろいろあります。
その中から「バーコード」「カレンダー」「Youtube」「Googleマップ」「Stripe決済」、
といったものについて使い方を説明しましょう。

Chapter 5

5.1.

バーコード

バーコードを利用する

　データを扱う基本的なエレメントはChapter 4まででだいたいわかりました。けれどClickには、それ以外にも便利なエレメントが多数用意されています。これらの中にも、使い方を覚えておきたいものがたくさんあります。そうした「覚えておくと便利なエレメント」について説明していきましょう。

　まずは、「バーコード」関係のエレメントです。バーコードはどんなものかご存知ですね？　よく書籍の裏表紙などに表示されているのを見たことがあるでしょう。あれは書籍の流通コード（ISBNコード）をバーコードで表しているものです。

　バーコードは数字の値を表すのに使われます。つまり、数字の値であればバーコードを使って表示したり、あるいは表示したバーコードを読み取って元の数字を取り出したりすることができるのです。使い方次第ではいろいろと面白い利用の仕方ができそうですね。例えば、ユーザーごとにランダムな数字をIDとして割り振っておけば、バーコードでお互いのIDを交換したりするシステムも作れそうです。

　Clickには、このバーコードを利用するエレメントが2つ用意されています。「バーコードスキャナー」と「バーコード作成」です。この2つのエレメントの使い方がわかれば、Clickのアプリでバーコードを利用できるようになります。

バーコードスキャナー	バーコードを読み取るためのエレメントです。タップするとカメラが起動し、バーコードをスキャンして値をエレメントに保管します。
バーコード作成	バーコードを表示するためのエレメントです。数値を設定するとそれをバーコードにして表示します。

新しいアプリを用意する

　実際にサンプルを作りながら使い方を説明していきましょう。といっても、ここまで使っている「サンプルアプリ」はページ数も増えてきて、これ以上あれこれ追加していくのはちょっと大変です。そこで、新しいアプリを用意することにしましょう。

　Clickの「ホーム」ページ（https://app.click.dev/projects）には、作成したアプリが一覧表示されています。そこにある「新しいアプリを作ろう」リンクをクリックしてください。あるいは、アプリの編集中ならば、編集画面の左上に表示されているアプリ名から「新規アプリを作成」を選んでもいいでしょう。

図5-1：ホームから「新しいアプリを作ろう」をクリックする。

パネルが現れ、作成するアプリは検証用か本番用か尋ねてきます。ここでは「本番用」を選んでおきましょう。

図5-2：パネルで「本番用」を選択する。

アプリの名前を入力する表示が現れるので、「サンプルアプリ2」と入力しておきます。そのまま「作成」ボタンでアプリを作成しましょう。なお、「詳細設定」はすべてデフォルトのままにしておくため、設定する必要はありません。

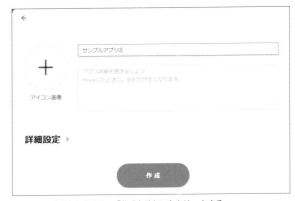

図5-3：アプリ名を入力し、「作成」ボタンをクリックする。

バーコード用のページを準備する

新しいアプリが開かれたら、バーコード用のページを準備していきましょう。デフォルトでは、アカウント登録とログインの他に「ホーム」というページが用意されていました。ここは各ページへのリンクをまとめるところにしておきましょう。ここからそれぞれのページに移動できるようにしておくわけですね。

では、「ホーム」ページにボタンを1つ配置してください。

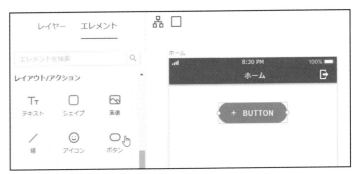

図5-4：「ホーム」ページにボタンを配置する。

ボタンを設定する

　配置したボタンの設定を行います。「エレメント」タブから、ボタンの名前とテキストを「バーコード」と変更しておきましょう。タイプやアイコンなどはそれぞれで好みのものに設定してかまいません。

図5-5：ボタンの名前とテキストを変更する。

ClickFlowで新規ページを作成

　このボタンをクリックしたときに移動するページを作りましょう。「ClickFlow」タブを選択し、「ClickFlowの追加」から「ページ移動」内の「新規ページ」メニュー項目を選択します。

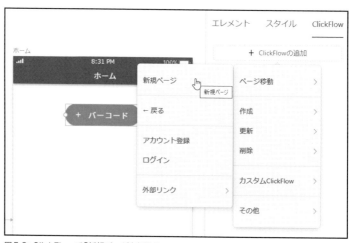

図5-6：ClickFlowで「新規ページ」を選ぶ。

新規ページパネルを入力

　「新規ページ」パネルが現れます。ここで、ページの名前を「バーコード」と記入します。ラジオボタンは「白紙のページ」のままにしておきます。「OK」ボタンをクリックすると、新しいページが作成されます。

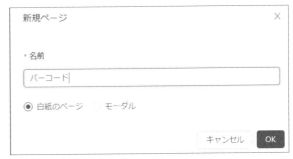

図5-7：ページ名を入力する。

「トップ」エレメントを配置する

　新しいページが現れたら「トップ」エレメントを配置しましょう。「エレメント」タブから「ナビゲーション」にある「トップ」をページの最上部にドラッグ＆ドロップして配置します。タイトルは「バーコード」に設定されます。

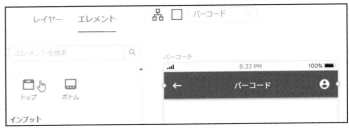

図5-8：「トップ」エレメントを配置する。

左アイコンにClickFlowを追加する

　配置したトップの左アイコンに、前のページに戻る処理を追加します。「ClickFlow」タブを選択し、「左アイコン」の「ClickFlowの追加」から「ページ移動」内の「戻る」メニューアイテムを選択してください。これで、左のアイコンで前のページに戻れるようになりました。

図5-9：「左アイコン」に「戻る」のClickFlowを追加する。

「バーコードスキャナー」エレメントを使う

ページにエレメントを配置して、バーコードの機能を使ってみましょう。まず、バーコードで利用する値（数値）を保管するためのエレメントを用意しておきます。ページに「インプット」エレメントを1つ配置してください。

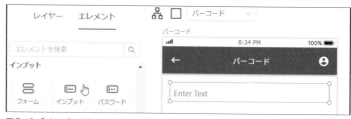

図5-10：「インプット」エレメントを追加する。

「インプット」の設定をする

配置したインプットを選択し、「エレメント」タブで設定を行います。名前を「バーコードデータ」とし、種類を「数値」に変更してください。

図5-11：インプットの設定を行う。

バーコードスキャナーを追加する

バーコードのエレメントを使いましょう。まずは、「バーコードスキャナー」からです。これはバーコードをスキャンし、値を読み取るものです。

では、「エレメント」タブの「インプット」にある「バーコードスキャナー」のアイコンをページにドラッグ＆ドロップし、エレメントを配置してください。

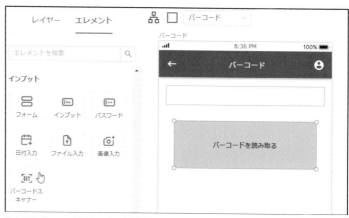

図5-12：バーコードスキャナーを配置する。

インプットにスキャンした値を設定する

バーコードスキャナーはスキャンする機能までまとめて持っており、特に設定やClickFlowなどを用意する必要はありません。ただ配置するだけで機能します。スキャンして取り出した値は、カスタムテキストとして利用できます。

では、スキャンした値をそのままインプットに設定してみましょう。配置したインプットを選択し、「エレメント」タブの「初期値」にあるカスタムテキストのアイコンをクリックしてメニューを呼び出してください。その中の「Form Inputs」内に「バーコードスキャナー1」という項目が表示されています（バーコードスキャナーの名前が違う場合は、それぞれ設定した名前が表示されます）。これを選択してください。

図5-13：インプットの初期値にバーコードスキャナーを設定する。

動作を確認する

「プレビュー」を使ってアプリの動作を確認しましょう。アプリを実行すると、まずアカウント登録のページが現れます。ここでアカウントを登録し、ログインします。「前のアプリでアカウントは登録してある」と思ったかもしれませんが、アカウントを管理するUsersテーブルはアプリごとに用意されているので、新しいアプリでは改めてアカウントを登録する必要があります。

図5-14：アカウントを登録しログインする。

ホームから移動する

ログインすると、「ホーム」ページが表示されます。ここには、先ほど追加したボタンが用意されていますね。これをクリックしてページ移動しましょう。

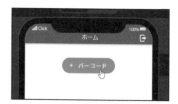

図5-15：ホームにあるボタンをクリックする。

バーコードをスキャンする

「バーコード」ページに移動します。ページにはインプットとバーコードスキャナーが表示されていますね。バーコードを読み取るには、このバーコードスキャナーをクリック（タップ）します。

図5-16：バーコードスキャナーをクリックする。

カメラでバーコードを読み取る

カメラが起動します。そのままバーコードが中央の青い枠内に来るように写してください。枠内に入ると、自動的にスキャンが開始されます。

図5-17：カメラでバーコードを写す。

スキャンした値が表示される

　バーコードのスキャンに成功するとカメラが閉じられ、「バーコード」ページに戻ります。そして、バーコードスキャナーとインプットにスキャンした値が表示されます。

　バーコードスキャナーはこのように、スキャンするとその値をエレメントに表示します。その値を他から利用する場合はインプットで行ったように、カスタムテキストでバーコードスキャナーの値を追加すればいいのです。

図5-18：スキャンした値が表示される。

「バーコード作成」エレメントを使う

　もう1つのバーコード関係エレメントは、「バーコード作成」です。「エレメント」タブの「アウトプット」のところに用意されています。このエレメントは値を設定するとそのバーコードを生成して、エレメントに表示します。

　実際に使ってみましょう。「バーコード作成」エレメントをページに配置してください。

図5-19：「バーコード作成」エレメントをページに配置する。

エレメントの設定について

　配置した「バーコード作成」を選択し、「エレメント」タブを見てみましょう。ここにはエレメント共通の名前と表示設定以外に、「バーコードの値」という項目が用意されています。ここに値を設定すると、その値がバーコードとしてエレメントに表示されるようになっています。

図5-20：バーコード作成の「エレメント」の設定。

バーコードの値を設定する

　「バーコードの値」にインプットを設定しましょう。ここに記述されているデフォルトの値をすべて削除し、カスタムテキストのアイコンをクリックしてメニューを呼び出します。そして、「Form Inputs」内にある「バーコードデータ」メニュー項目を選択してください。これで、インプットに入力した値がバーコードとして表示されます。

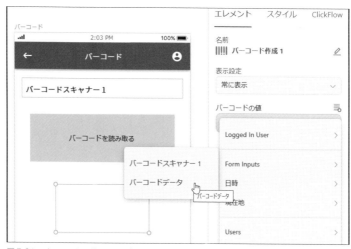

図5-21：バーコードの値にインプットを設定する。

プレビューで確認する

「プレビュー」を使って動作を確認しましょう。「バーコード」のページに移動すると、インプットとバーコードスキャナーが表示されます。バーコード作成のエレメントは(値が空のため)何も表示されませんが、ちゃんと配置はされています。

図5-22：「バーコード」ページにアクセスする。

インプットに数字を入力してください。インプットの値からバーコードがリアルタイムに生成されているのが確認できるでしょう。

図5-23：数字を入力するとバーコードが表示される。

<table>
<tr><td>Chapter
5</td><td>5.2.
カレンダーの利用</td></tr>
</table>

日時の値とカレンダー

　Clickのデータベースでは日時の値を扱うことができます。この値はそのままフォームで入力したり、日時をテキストとして表示したりできました。これはこれで便利ですが、日時を中心とするデータの場合、これだけでは不十分です。例えばスケジュールのデータなどは、リストで日付や時刻をただ表示するだけではわかりにくいでしょう。

　このような場合に用いられるのが「カレンダー」エレメントです。これは、日時の値を元にカレンダーとしてデータを表示するものです。一般的なカレンダーの形式で月ごとにデータを表示でき、さらには項目ごとに時刻を目盛りにして視覚的にイベントの時間を表示することもできます。

　このカレンダーが威力を発揮するのは、「日時の値を元にデータを管理するテーブル」でしょう。実際に簡単なテーブルを作成し、それをカレンダーで利用してみましょう。

「予定」テーブルを作る

　編集画面上部の「キャンバス」「データ」の切り替えボタンから「データ」をクリックし、データベースの編集画面を表示してください。現時点では「Users」テーブルのみが用意されています。

図5-24：「データ」には「Users」テーブルだけが用意されている。

テーブルを追加する

「テーブルを追加」ボタンをクリックし、現れたパネルで名前を「予定」と入力して「OK」ボタンをクリックしましょう。新たに「予定」テーブルが作成されます。

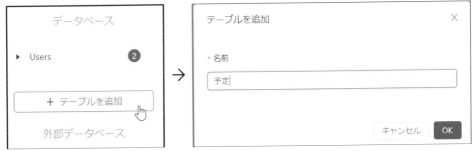

図5-25：「テーブルを追加」で「予定」テーブルを作る。

「Name」項目を編集

作成された「予定」テーブルには、デフォルトで「Name」という項目が用意されています。これをクリックしてください。画面に「項目の編集」というパネルが現れるので、名前を「予定」と変更し、OKしましょう。

図5-26：「項目の編集」で、「予定」と名前を入力する。

項目を追加する

テーブルに項目（列）を追加していきます。「項目を追加」をクリックし、現れたメニューから「日時」メニュー項目を選択します。

図5-27：「項目を追加」から「日時」を選ぶ。

タイプと名前を設定

「項目の追加」パネルが現れます。ここでタイプを「日時」、名前を「開始日時」と入力してOKします。

図5-28：項目の名前を入力する。

テーブルの項目を完成させる

同様にして「項目を追加」をクリックし、「日時」タイプの「終了日時」という項目を追加しましょう。

これで、「予定」「開始日時」「終了日時」という3つの項目が用意できました。スケジュール管理のテーブルとしては、他にももっと項目を用意したいところですが、今回は「カレンダー」エレメント利用の練習用ですからこれで良しとしましょう。

図5-29：完成した「予定」テーブル。3つの項目がある。

予定を追加する

作成したテーブルにレコードを追加しましょう。「レコードの追加」ボタンをクリックし、現れたパネルで値を入力してレコードを作成してください。「開始日時」「終了日時」は、クリックするとカレンダーと時刻のリストから値を選んで入力できます。

図5-30：「レコードの追加」で新しいレコードを入力し追加する。

テーブルの完成

いくつかレコードを追加して、カレンダーのサンプルデータを作成してください。日時の異なるレコードを複数用意しておけばいいでしょう。

一通りサンプルのレコードを用意できたら、テーブルは完成です。再びキャンバスに戻り、ページの作成を行いましょう。

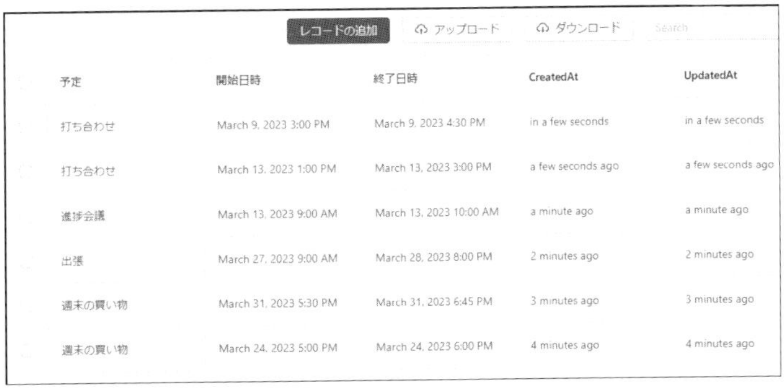

予定	開始日時	終了日時	CreatedAt	UpdatedAt
打ち合わせ	March 9, 2023 3:00 PM	March 9, 2023 4:30 PM	in a few seconds	in a few seconds
打ち合わせ	March 13, 2023 1:00 PM	March 13, 2023 3:00 PM	a few seconds ago	a few seconds ago
進捗会議	March 13, 2023 9:00 AM	March 13, 2023 10:00 AM	a minute ago	a minute ago
出張	March 27, 2023 9:00 AM	March 28, 2023 8:00 PM	2 minutes ago	2 minutes ago
週末の買い物	March 31, 2023 5:30 PM	March 31, 2023 6:45 PM	3 minutes ago	3 minutes ago
週末の買い物	March 24, 2023 5:00 PM	March 24, 2023 6:00 PM	4 minutes ago	4 minutes ago

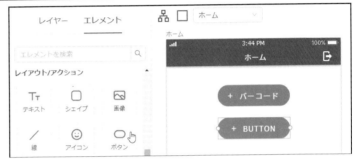

図5-31：作成したサンプルのレコード。

「予定表」ページを作成する

キャンバスに戻ったら、「予定」テーブルを利用するページを作りましょう。まず「ホーム」ページを開き、そこにボタンを1つ配置してください。このボタンから予定のページに移動するようにします。

図5-32：「ホーム」ページにボタンを1つ作成する。

ボタンを設定する

作成したボタンを選択し、「エレメント」タブで名前とテキストを「予定表」と変更しておきます。ボタンのタイプやアイコンはそれぞれで好みのものに設定してかまいません。

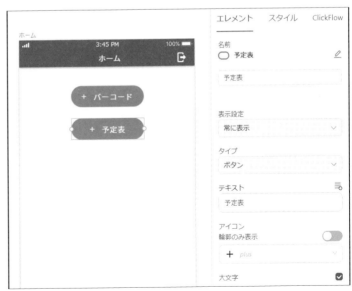

図5-33：ボタンの設定を行う。

ClickFlowで新しいページを作る

「ClickFlow」タブを選択し、「ClickFlowの追加」から「ページ移動」内の「新規ページ」メニュー項目を選びます。

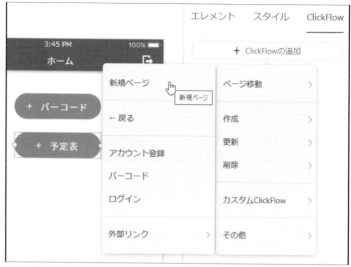

図5-34：ClickFlowで「新規ページ」を選ぶ。

ページを作成する

現れた新規ページのパネルで、名前を「予定表」と入力します。ラジオボタンは「白紙のページ」のままにしてOKしてください。

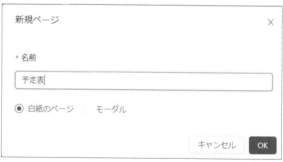

図5-35：ページの名前を入力する。

「トップ」を追加する

ページが作成されたら、「エレメント」タブの「ナビゲーション」から「トップ」エレメントをドラッグ＆ドロップしてページに追加しましょう。

図5-36：「トップ」エレメントを追加する。

「カレンダー」エレメントを作成する

では、カレンダーを使いましょう。カレンダーは「エレメント」タブの「アウトプット」に用意されています。ここにある「カレンダー」アイコンをページまでドラッグ＆ドロップし、「カレンダー」エレメントをページに追加してください。

図5-37：「カレンダー」を追加する。

カレンダーの設定について

配置したカレンダーを選択し、「エレメント」タブを見てみましょう。ここにはデフォルトの「名前」「表示設定」の他に、次のような項目が用意されています。

カレンダー	カレンダーの基本設定です。カレンダーに表示するテーブルの設定を行います。
選択日のオプション	カレンダーの初期値や扱う日付の範囲などを指定します。
予定表ビュー	カレンダーの予定を表示するビューでの挙動を設定します。

基本的に、まず「カレンダー」で使用するテーブルを設定し、それから必要な設定を行っていきます。「予定日のオプション」「予定表ビュー」はあくまでオプションなので、必ずしも設定する必要はありません（予定表ビューはもう少し後で使います）。

図5-38：カレンダーの「エレメント」タブ。

「カレンダー」項目の設定

　「エレメント」タブにある「カレンダー」という項目をクリックして内容を展開表示させてみましょう。ここには次のようなものが用意されています。

表示するデータを選択してください	使用するテーブルを選択します。
イベント開始日	イベントの開始日として使うテーブルの列を選択します。
イベント終了日	イベントの終了日として使うテーブルの列を選択します。
表示言語	カレンダーの表示言語（日本語か英語）を選びます。
週の始まり	週の始まりを日曜・月曜のどちらにするか選びます。
イベントの表示形式	イベントのある日付の表示を「点」か「下線」で選びます。
カレンダーをクリックした時の動作	イベントの日付をクリックしたらどうするかを指定します。デフォルトは「予定ビューを起動」になっています。

　非常に多くの項目がありますが、これらは一通り値を設定する必要があります。「表示言語」「週の始まり」などはすぐにわかるでしょうが、「カレンダーをクリックしたときの動作」などはどういうものかよくわからないでしょう。このあたりは後で実際に設定する際に説明することにします。

図5-39：「カレンダー」項目に用意されている設定。

使用するテーブルを選択する

　では、「カレンダー」項目の一番上にある「表示するデータを選択してください」のメニューから「予定」メニュー項目を選んでください。これで、「予定」テーブルがカレンダーに設定されます。テーブルを選択するとフィルターや上限・表示数といった項目が現れるので、必要に応じて設定しましょう（今回はデフォルトのままにしておきます）。

図5-40：カレンダーで使うテーブルを選択する。

イベント開始日を指定する

　テーブルを指定したら、イベントの設定を行います。「イベント」というのは、カレンダーに表示される項目です。カレンダーでは、テーブルに用意されている日時関係の列の値を元にイベントを表示します。表示されるイベントをクリックすることで、そのレコードの情報を表示したりできるようになっているのです。

　では、イベントの開始日時を指定しましょう。「カレンダー」項目にある「イベント開始日」のカスタムテキストのアイコンをクリックしてメニューを呼び出してください。そして、「Current 予定」内から「開始日時」を選択します。これで、「イベント開始日」にカスタムテキストが追加されます。

図5-41：「イベント開始日」に「開始日時」を選択する。

イベント終了日を指定する

　同様にして、「イベント終了日」のカスタムテキストアイコンから「Current 予定」内の「終了日時」メニュー項目を選択します。これで、イベントの開始日と終了日にそれぞれ開始日時と終了日時が設定できました。

図5-42：イベントの開始日と終了日が設定された。

カレンダーの表示設定をする

　さらに、その下にある設定をしていきましょう。「表示言語」以降を次のように設定していきます。

表示言語	「日本語」を選択します。
週の始まり	「日曜日」を選択します。
イベントの表示形式	「下線」を選択します。イベントがある日付の下に下線が表示されるようになります。
カレンダーをクリックした時の動作	デフォルトの「予定表ビューを起動」のままにしておきます。

これらが設定できれば、カレンダーの基本的な表示と働きは決まります。

図5-43：カレンダーの表示に関する設定をする。

選択日のオプション

「カレンダー」項目以外の設定項目に進みましょう。まずは「選択日のオプション」です。これは、カレンダーの初期値や表示範囲を指定するものです。次のような項目があります。

初期の選択日	初期状態で選択されている日付です。
選択可能な開始日	指定した日付以降のみ選択できます。
選択可能な終了日	指定した日付以前のみ選択できます。
表示月の変更を〜	表示している月を移動できるようにします。

これらは決まった範囲内でのみイベントを扱えるようにするためのものです。デフォルトではすべて値は空になっており、範囲を指定せず、いつの日付でも選択できるようになっています。

例えば、「初期の選択日」に今日の日付（カスタムテキストの「Current Time」）を指定し、「表示月の変更を〜」のチェックをOFFにしておくと、今月だけが表示され他の月が表示されないカレンダーが作れます。こういう「表示を限定したカレンダー」を作りたいときにこれらを使います。

図5-44：「選択日のオプション」項目。

予定表ビュー

残る「予定表ビュー」の項目は、カレンダーからイベントをクリックした際に現れる「予定表」の表示に関するものです。イベントをクリックすると、カレンダーの表示が時刻を目盛りに設定したものに変わります。これにより、イベントの時間が視覚的にわかるようになっているのです。

この予定表ビューの表示に関する設定として次のようなものが用意されています。

時間の形式	12時間形式か24時間形式かを選びます。
イベントタイトル	イベントのタイトルを設定します。
イベントサブタイトル	イベントのサブタイトルを設定します。

「イベントタイトル」「イベントサブタイトル」は、予定表ビューに表示されるイベントの表示内容を指定するものです。これらに設定された値がイベントとして予定表ビューに表示されるのです。

図5-45：「予定表ビュー」の項目。

予定表ビューを指定

では、「予定表ビュー」項目を設定しましょう。ここでは次のように値を設定しておきます。

時間の形式	「24時間表示」を選択します。
イベントタイトル	カスタムテキストから「Current 予定」内の「予定」を選択します。
イベントサブタイトル	カスタムテキストから「Current 予定」内の「開始日時」を選択します。

これで、予定表ビューに表示されるイベントには「予定」と「開始日時」が表示されるように設定されました。

図5-46：「予定表ビュー」の設定を行う。

プレビューで動作を確認する

以上で、「カレンダー」の設定が一通り行えました。では、「プレビュー」を使って動作を確認しましょう。ログインして「ホーム」ページが表示されたら、「予定表」ボタンをクリックしてページ移動をしましょう。

図5-47：「ホーム」ページから「予定表」ボタンをクリックする。

カレンダーの表示

「予定表」ページに移動します。ここに表示されているカレンダーでは、イベントのある日付には下線が表示されるようになっています。これならひと目で予定の有無がわかりますね。

では、ここに下線が表示されている日付をクリックしてみてください。

図5-48：カレンダーでは下線でイベントが表示される。

予定表ビューの表示

カレンダーの表示が変わり、縦長のグラフのようなものが現れます。これが「予定表」のビューです。これを上下にスクロールして移動するとイベントの時間帯に青いアミが表示され、どの時間にどういうイベントがあるかがわかります。

図5-49：予定表ビューではイベントの時間がひと目でわかる。

イベントの内容を表示する

これで、カレンダーがどのように動くかわかりました。テーブルに用意した日時の値を元にカレンダーにイベントを表示し、クリックすると予定表ビューで時間帯とイベント名などが確認できるようになっていたのですね。

ただ、予定表ビューではタイトルとサブタイトルしか用意されていないので、たくさんの項目をテーブルに用意した場合は表示しきれなくなってしまうでしょう。また、予定表ビューはスクロールしてイベントの時間帯に移動しないと表示されないため、一日の中でたくさんのイベントがあるような場合でないとあまり便利ではないかもしれません。各日に1つしかイベントがないような場合は、「日付をクリックしたらイベントの内容が表示される」というような形になっていたほうが便利でしょう。

そこで、イベントの内容を表示するページを作成して利用することにしましょう。

ClickFlowでページを作成する

配置したカレンダーを選択し、「ClickFlow」タブで「予定表ビューをクリック時の動作」から「ClickFlowの追加」をクリックしてください。そして、現れたメニューから「ページ移動」内の「新規ページ」メニュー項目を選択します。

図5-50:「予定表ビューをクリック時の動作」に「新規ページ」を追加する。

モーダルページを作成する

「新規ページ」パネルが現れたら名前に「予定」と記入し、ラジオボタンの「モーダル」を選択します。そして、「OK」ボタンをクリックしましょう。

図5-51:「予定」という名前でモーダルページを作る。

モーダルページが作成される

これで、新しいモーダルのページが作成されます。モーダルのページはすでに使ったことがあります。デフォルトでアイコンやテキスト、戻るボタンなどが用意されているページでしたね。ここにあるテキストを編集したりエレメントを追加するなどしてモーダルのパネルを作成します。

図5-52:作成されたモーダルページ。

タイトルを設定する

　タイトルが表示されているテキストを選択し、「エレメント」タブから「テキスト」の値を設定しましょう。初期値のテキストを削除し、カスタムテキストのアイコンをクリックして、メニューから「Current 予定」内の「予定」メニュー項目を選びます。これで、「Current 予定 > 予定」というカスタムテキストのパーツが追加されます。

図5-53：タイトルのテキストに「Current 予定」の「予定」を追加する。

コンテンツを設定する

　同様にコンテンツのテキストを選択し、「エレメント」タブから「テキスト」の初期値を削除します。そして、カスタムテキストのメニューから「Current 予定 > 開始日時」と「Current 予定 > 終了日時」を選択肢に追加します。この2つのカスタムテキストの間に「˜」を付けて、「開始日時 ˜ 終了日時」という形で表示されるようにしておきましょう。

　ここでは予定と日時だけを表示しましたが、テーブルにもっとさまざまな項目が用意されている場合は、それらもモーダルのパネル内にエレメントを追加して表示されるようにできます。

図5-54：コンテンツのテキストに「Current 予定」の値を追加する。

動作を確認する

　動作を確認しましょう。プレビューで実行し、カレンダーからイベントをクリックして予定表ビューを開いてください。スクロールしてイベントを表示したら、これをクリックしてください。

図5-55：予定表ビューでイベントをクリックする。

モーダルページが表示される

　モーダルページがパネルとして開かれ、イベントの内容が表示されます。「OK」ボタンをクリックすればパネルは消えます。これで、イベントの内容を表示できるようになりました。

図5-56：モーダルのページが表示された。

カレンダーから直接モーダルを開く

　イベントからモーダルで内容を表示できるようになりましたが、イベントが各日に1つしかないような場合は、カレンダーから直接モーダルを表示したほうがさらに便利ですね。やってみましょう。

　これは、「エレメント」タブの「カレンダー」項目内にある「カレンダーをクリックした時の動作」という設定項目で設定できます。デフォルトでは、「予定表ビューを起動」が選択されていました。これにより、カレンダーの日付をクリックすると予定表ビューが現れたのです。

図5-57：「カレンダーをクリックした時の動作」の設定項目。

「ClickFlowを起動」を選択する

「カレンダーをクリックした時の～」の値を「ClickFlowを起動」に変更しましょう。これで、カレンダーをクリックしたら用意したClickFlowが実行されるようになります。

図5-58：「ClickFlowを起動」メニューを選ぶ。

ClickFlowを作成する

「ClickFlow」タブを選択し、「イベントクリック時の動作」という項目にClickFlowを追加しましょう。ここでは、「ClickFlowの追加」のメニューから「ページ移動」内の「予定」メニュー項目を選びます。これで、「予定」のモーダルページが開かれるようになります。

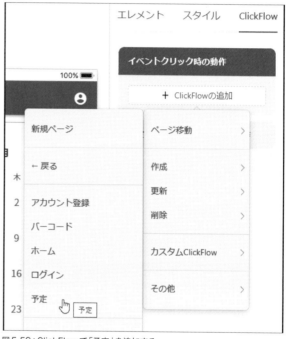

図5-59：ClickFlowで「予定」を追加する。

動作を確認しよう

「プレビュー」で動作を確認しましょう。カレンダーのページを開いてイベントの日付をクリックすると、その場でイベントの内容がモーダルのパネルで表示されるようになります。

図5-60：カレンダーのイベントをクリックすると、モーダルで内容が表示される。

Chapter
5

5.3.

Youtubeの利用

Youtube を利用する準備

Click には、外部のサービスを利用するエレメントもいくつか用意されています。そうしたものについても触れておきましょう。まずは「Youtube」からです。

Click では、YouTube と連携して動画を再生できるエレメントが用意されています。「Youtube」というもので、特別な設定なども必要なく、ただ URL を指定するだけで簡単に動画再生が行えます。

では、Youtube を利用するページを作ってみましょう。「ホーム」ページを開き、ボタンを1つ配置してください。名前とテキストは「Youtube」としておきましょう。

図5-61：「ホーム」に「YOUTUBE」ボタンを追加する。

新しいページを作成する

ボタンの「ClickFlow」タブから「ClickFlow の追加」でメニューを呼び出し、「ページ移動」内の「新規ページ」を選びます。

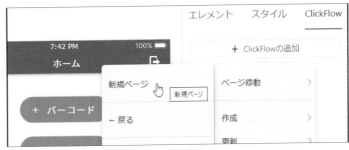

図5-62：ボタンの ClickClow で「新規ページ」を作成する。

　「新規ページ」のパネルが現れたら、名前を「Youtube」と入力します（ラジオボタンは「白紙のページ」のまま）。そしてOKし、新しいページを作成してください。

図5-63：名前を「Youtube」と入力する。

トップを追加する

　新しいページが作成されたら、「トップ」エレメントを配置しましょう。タイトルには「Youtube」と自動設定されます。

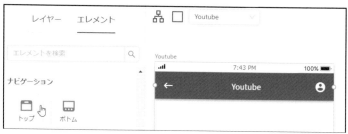

図5-64：トップを配置する。

左アイコンに「戻る」を設定する

　トップの左アイコンに「戻る」処理を追加します。「ClickFlow」タブを選択し、「左アイコン」内の「ClickFlowの追加」から「ページ移動」内の「戻る」メニュー項目を選んでClickFlowを作成してください。

図5-65：「左アイコン」に「ページ移動」を追加する。

Youtube を利用する

　ページにエレメントを作っていきましょう。まず、「インプット」を1つ配置します。これは、Youtube
で表示する動画のURLを入力するためのものです。

図5-66：インプットを1つ配置する。

　配置したインプットを選択し、「エレメント」タブから名前を「URL」と変更しておきます。

図5-67：名前を「URL」に変更する。

「Youtube」エレメントを追加する

　Youtubeのエレメントを追加しましょう。「エレメント」タブの「外部連携」というところにあります。こ
こからアイコンをページ内にドラッグ＆ドロップしてエレメントを作成してください。

図5-68：Youtubeのエレメントを追加する。

Youtubeの設定について

配置したYoutubeを選択し、「エレメント」タブで設定を確認しましょう。基本の「名前」「表示設定」以外には、「URL」という項目が1つあるだけです。このURLに、表示する動画のURLを設定します。

図5-69:「エレメント」タブには「URL」という設定がある。

URLを設定する

URLにインプットの値を設定しましょう。カスタムテキストのアイコンをクリックし、メニューから「Form Inputs」内の「URL」メニュー項目を選びます。これで、インプットに記入したURLをYoutubeで再生するようになります。

図5-70:URLにインプットを設定する。

動作を確認する

では、動作を確認しましょう。「プレビュー」でアプリを実行してください。「ホーム」ページが現れたら、「YOUTUBE」ボタンでページを移動します。

図5-71:ホームにある「YOUTUBE」ボタンで移動する。

「Youtube」ページの表示

「Youtube」ページに移動します。初期状態では、Youtubeエレメントには何も表示されていません。

図5-72：Youtubeページを表示する。

Youtubeで動画を表示する

YouTubeのサイト（https://www.youtube.com）にアクセスし、動画のページを表示しましょう。そして、アドレスバーからURLをコピーしてください。

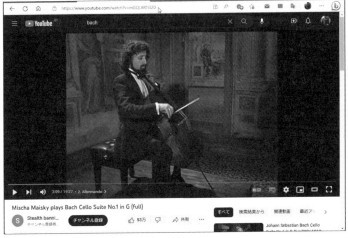

図5-73：Youtubeの動画ページを開き、URLをコピーする。

URLをペーストする

Clickのアプリに戻り、YoutubeページのインプットにURLのテキストをペーストします。これで、「Youtube」エレメントに動画の開始画面が現れます。

図5-74：URLをペーストして動画を表示する。

そのままYoutubeのエレメントをクリックすれば、動画を再生します。このエレメントはYouTubeの動画がそのままはめ込まれ表示されているため、動画の操作などもすべて行えます。

「Youtube」は非常に簡単に利用できるエレメントです。使い方も、ただURLを設定するだけで自動的に動画が表示され再生できます。データベースのテーブルで動画を保存する場合も、URLをテキストとして保管しておくだけで済みます。

図5-75：動画が再生された。

Chapter 5 | 5.4. Googleマップの利用

「マップ」によるGoogleマップの利用

　アプリでは、特殊な役割を果たす値というものがあります。カレンダーで扱う「日時」もその1つと言えるでしょう。ただ値を表示するだけでなく、カレンダーというエレメントを使って視覚的にまとめることで、より便利なアプリを作ることができます。

　こうした特殊な値に「位置の値」というものもあります。さまざまな場所を表す値というのはいくつかありますね。「住所」もその1つですし、緯度や経度の値も場所を示すのに使われます。

　こうした「位置を表す値」を視覚的にまとめて表示するのに用いられるのが「マップ」です。マップを使ってさまざまな位置を表示することで、より直感的にデータを表示できるようになります。

　Clickにも、「マップ」というエレメントが用意されています。これはただマップを表示するだけでなく、マーカーを使って特定の位置を表示することも可能です。マップを使えば、位置の値をより視覚的に表せるようになります。

　ただし！ この「マップ」はエレメントをただ配置するだけでは使えません。これはGoogleマップを利用するエレメントです。Googleマップを利用するためには、「Google Cloud Platform」というGoogleのクラウドサービスのアカウントを取得し、その中で「Google Maps Platform」として用意されているAPIをセットアップする必要があります。

　これらを利用するには、Googleが提供するサービスに関する基本的な知識が必要になります。またAPIの利用には費用もかかるため、「マップ」エレメントを利用したアプリを作成公開した場合にはそれだけコストがかかることも知っておいてください。その上で、「マップを利用するメリットがある」と判断できるなら利用する、と考えましょう。

Google Cloud Platformを利用する

　まだGoogle Cloud Platform（以後、GCPと略）を利用したことがない場合は、GCPの利用を開始するところからはじめましょう。GCPの利用は、Googleアカウントがあれば誰でも開始できます。ただし、支払いのためのクレジットカードが必要になります。

　では、GCPのWebサイト（以下のURL）にアクセスをしてください。

https://cloud.google.com/

サイトにアクセスすると、ま
ずGCPを開始するための入力
を行うパネルのようなものが
表示されます。ここで国を選び、
利用規約のチェックボックスを
ONにして「同意して続行」をク
リックしてください。

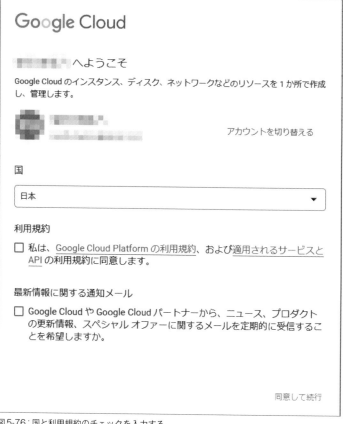

図5-76：国と利用規約のチェックを入力する。

GCPのWebサイト

　パネルが消えると、GCPのWebページが表示されます。このページには、「無料で使ってみる」というボ
タンが表示されています。このボタンをクリックして、利用を開始しましょう。

図5-77：GCPのWebサイト。ここから利用開始する。

アカウント情報の入力

　画面に「ステップ1/2 アカウント情報」と表示されたページが現れます。ここで国と主な用途をプルダウンメニューから選びます。そして利用規約のチェックボックスをONにして、「続行」ボタンをクリックします。

　なお、Google Workspaceなどでなく個人アカウントの場合、この後で本人確認のためにSMSへのメッセージ送信と送られた認証コードの入力を求められることがあります。

図5-78：国、利用目的、利用規約を設定する

支払い情報の入力

　続いて、支払いのための設定を行います。ここでアカウントの種類、カードの種類とカード番号といったものを入力していきます。必要事項をすべて記入したら、「無料トライアルを開始」ボタンをクリックすると、GCPを開始します。

　スタート時には一定の無料枠（3ヶ月以内で300ドルまで）が設定されており、その範囲内であれば料金は請求されません。

図5-79：支払情報を入力する

アンケートとチュートリアル

これでGCPをスタートしますが、この直後に利用アンケートとチュートリアルの説明などの表示が立て続けに表示されるでしょう。これらは入力せずに閉じたりスキップしてかまいません。

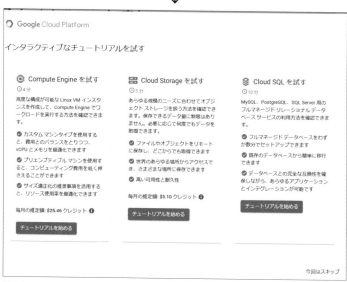

図5-80：アンケートとチュートリアルの説明。そのままスキップしてかまわない。

GCPをスタート!

これで、ようやくGCPのページが表示されました。GCPは非常にパワフルなクラウドプラットフォームであり、用意されている機能も広範囲に渡っています。ここで詳しい使い方を説明するスペースはないので、興味のある人は別途学習してください。

図5-81：GCPが使えるようになった。

Google Maps Platformを利用する

GCPが使えるようになったら、「Google Maps Platform（以後、GMPと略）」を使えるようにしましょう。GMPはGCPが提供するプラットフォームの1つで、Googleマップを外部のプログラムなどから利用するための機能を提供します。Googleマップ関連の各種APIや利用状況の確認、外部から利用するための認証の管理など、Googleマップ利用のために必要な機能を一式まとめて提供します。

まずはGMPのページにアクセスしましょう。

https://console.cloud.google.com/google/maps-apis

図5-82：GMPのページ。ここでGMPの利用を設定する。

APIキーの取得

GMPにアクセスすると、「Google Maps Platformを使ってみる」というパネルが表示されます。もし表示されずにGMPのWebページがそのまま現れた場合は、左側に見える「概要」リンクをクリックするとパネルが現れます。

ここで、「自分のAPIキー」という項目が表示されます。このAPIキーは値を必ずコピーして、どこかに保管しておいてください。後で必要となります。このAPIキーがないとGoogleマップは使えないので、絶対に値のコピーを忘れないでください。

その下にある「このプロジェクトですべてのGoogle Maps APIを有効にします」というチェックは、ONにしておくとGMPに用意されているAPIがすべて有効になります。GMPに関する知識があれば必要なAPIだけをONにして使えますが、初めて利用する場合はこれをONにして全APIを有効にしておきましょう。

その下には、予算アラートの作成のためのチェックボックスがあります。これは費用が1ヶ月の利用枠（200ドル）を超えそうになったら通知するもので、これもONにしておきましょう。

APIをコピーしてチェックを確認したら、「GOOGLE MAPS PLATFORMに移動」ボタンをクリックしてください。

図5-83：APIキーが表示されるので、必ずコピーし保管しておくこと。

APIキーの保護

続いて、「APIキーを保護する」というパネルが現れます。これはAPIの利用に制限を加えるもので、特定の用途（Webサイトやスマートフォンアプリなど）だけからAPIを使えるようにするためのものです。

とりあえず、ここでは「後で」を選択して未設定のままにしておきましょう。本格的にGMPを使うようになり、アプリを公開して利用ユーザーが増えてきたら、改めてAPIキーの保護について調べて確認してください。

これでパネルが消え、GMPのページが表示されたら、GCP側の準備は完了です。

図5-84：APIキーの保護は特にしないでおく。

「マップ」エレメントを使う

GCPとGMPの準備ができたら、Clickに戻って「マップ」エレメントを使ってみましょう。今回も新しいページを用意することにします。「ホーム」ページを開き、新しいボタンを追加してください。名前とテキストは「マップ」としておきましょう。

図5-85：「ホーム」にボタンを追加し、「マップ」と変更する。

ClickFlowで新しいページを作る

ボタンにClickFlowを追加します。「ClickFlow」タブを選択し、「ClickFlowの追加」をクリックしてメニューを呼び出します。そして、「ページ移動」内の「新規ページ」メニューを選んでください。

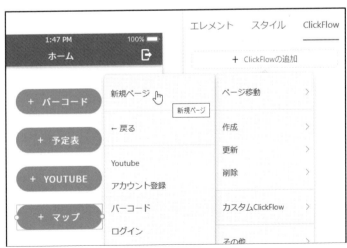

図5-86：ClickFlowで「新規ページ」を選ぶ。

「マップ」ページを作成する

新規ページ作成のためのパネルが現れたら、名前を「マップ」と入力しましょう。そして、「白紙のページ」ラジオボタンを選択した状態で「OK」ボタンをクリックしましょう。

図5-87：ページの名前を「マップ」と指定する。

トップを追加する

新しいページが現れたら、「トップ」エレメントを追加しましょう。タイトルは「マップ」と自動設定されます。

図5-88：「トップ」エレメントを追加する。

「戻る」アイコンの設定

左側のボタンをクリックしたら前のページに戻るようにClickFlowを用意します。「ClickFlow」タブの「左アイコン」にある「ClickFlowの追加」をクリックし、現れたメニューから「ページ移動」内の「戻る」メニュー項目を選んでClickFlowを作成しましょう。

図5-89：「戻る」のClickFlowを追加する。

「マップ」エレメントを利用する

マップを利用しましょう。まず、マップで表示する住所などを入力する「インプット」エレメントを配置しておきます。名前は「住所」としておきましょう。

図5-90：インプットを追加し、「住所」と名前を変更する。

「マップ」を配置する

「マップ」エレメントを配置します。マップは「エレメント」タブの「外部連携」のところに用意されています。ここにあるアイコンをページ内にドラッグ＆ドロップしてエレメントを配置しましょう。

図5-91：「マップ」エレメントを配置する。

マップのエレメント設定

配置したマップを選択し、「エレメント」タブに用意されている設定項目を見てみましょう。基本の「名前」「表示設定」の他に次のようなものが用意されています。

マップ	マップの基本的な設定を行うものです。
ピン	マップに表示するピンの設定です。
スタイル	表示するマップのスタイル設定です。

　まずは「マップ」項目でマップ
の基本的な設定を行い、それか
らその他の設定を行っていけば
いいでしょう。

図5-92：マップに用意されている設定類。

マップにAPIキーを設定

　「エレメント」タブにある「マップ」の設定をクリックして内容を表
示させましょう。ここには、「Google Maps APIキー」という項目が
用意されています。ここに、GMPで取得したAPIキーをペーストし
て入力してください。正しいAPIキーを指定しないとマップは正常に
機能しません。

　その下の「ピンの数」は、マーカーに表示するピンの個数を指定す
るものです。デフォルトでは「1個」になっているので、そのままに
しておきましょう（複数個のマーカーを表示させる方法は後ほど説明
します）。

図5-93：マップにAPIキーを設定する。

「ピン」の設定

　続いて、「ピン」設定をクリックして内容を表示させましょう。ここには次のような項目が用意されてい
ます。

ピンの入力設定	ピンの位置をどのように設定するかを指定します。「地名・住所入力」と「緯度経度入力」があります。
地名・住所入力	ピンの入力設定で「地名・住所入力」が選択されていると、この項目が表示されます。ここでピンの住所を指定します。
マーカーの設定	マーカーの表示をデフォルトのものか、カスタマイズするかを指定します。初期状態では「デフォルト」になっています。
現在地の表示	ONにすると現在地をマップ状に表示します。

図5-94：「ピン」の設定内容。

ピンを設定する

ピンの設定を行いましょう。ピンの入力設定では、デフォルトの「地名・住所入力」のまま使いましょう。「地名・住所入力」ではカスタムテキストを使って「Form Inputs」内の「住所」メニューを選び、カスタムテキストのパーツを追加しておきます。これで、インプットに入力した住所にマーカーが表示されるようになります。

また、「現在地の表示」をONにしておくと、デフォルトで現在位置を表示するようになります。

図5-95：「ピン」の設定を行う。

「スタイル」の設定

続いて、「スタイル」の設定です。これをクリックして内容を表示させると、次のような項目が用意されています。

| マップのスタイル | 「ロードマップ」「ハイブリッド」「サテライト」「地形」から選びます。 |
| カスタムスタイル | マップのスタイルをカスタマイズするためのものです。 |

「マップのスタイル」で、一般的なマップと衛星写真のマップの切り替えなどが行えます。とりあえず、今はデフォルトのままにしておきましょう。

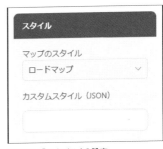

図5-96：「スタイル」の設定。

表示を確認する

配置したマップの表示を確認しましょう。「プレビュー」を使い、アプリを実行してください。「ホーム」ページが現れたら、「マップ」ボタンをクリックしてマップのページに移動しましょう。

図5-97：ホームにある「マップ」ボタンをクリックする。

マップが表示される

マップのページに移動し、マップが表示されます。マップはマウス
でドラッグすれば表示位置を移動しますし、「＋」「ー」のボタンで拡大
縮小できます。一般的なマップとしての機能は一通り用意されている
ことがわかるでしょう。

図5-98：マップが表示された。

住所を入力する

ページにあるインプットに住所を記入してみてください。その場所
にマーカーが表示されます。住所だけでなく、例えば「東京駅」や「ス
カイツリー」などランドマークとなる施設なども入力するだけでマー
カーが表示されます。

図5-99：インプットに住所や施設名を入力
すると、そこにマーカーが表示される。

緯度経度で表示位置を指定する

住所だけでなく、緯度経度を使って位置を指定することもできます。これもやってみましょう。「エレメ
ント」タブから「ピン」設定項目を開き、そこにある「ピンの入力設定」を「緯度経度入力」に変更してください。

その下に「緯度」「経度」という入力フィールドが現れます。ここに
値を入力すれば、その場所にマーカーが表示されるようになります。

図5-100：ピンの入力設定を「緯度経度入
力」に変更する。

現在の緯度経度を指定する

Clickでは、カスタムテキストに現在位置を示す値が用意されています。これらの値を使って、現在の位置にマーカーを表示させてみましょう。

「緯度」のカスタムテキストのアイコンをクリックし、メニューを呼び出してください。この中の「現在地」というメニュー内に「緯度」「経度」という項目があります。これらが現在の位置の値になります。

「緯度」「経度」のフィールドに、これらのカスタムテキストを設定しましょう。

図5-101：カスタムテキストの「現在地」から緯度と経度の値を設定する。

表示を確認する

緯度と経度を設定できたら、「プレビュー」で表示を確認しましょう。「マップ」ページを開くと、現在の位置にマーカーが表示されます（図5-102）。今いる地点の値をこのように簡単に利用できるのですね！

図5-102：現在の位置にマーカーが表示される。

テーブルを使ったピンの管理

単純にマップを表示するだけなら、これで十分役に立ちます。あらかじめ表示する場所を指定しておけばそこにマーカーが表示されるのですから、特定の場所を表示するのは簡単ですね。しかしマップは、「位置情報のデータを視覚的に表すエレメント」として使われることも多いでしょう。そのためには、データベースのテーブルに保管されている位置情報を元にマーカーを表示できないといけません。

そのためには、データベースのテーブルに位置情報の値を保管しておく必要があります。まずは、テーブルの修正から行いましょう。編集画面の「キャンバス」「データ」の切り替えボタンから「データ」に表示を切り替えてください。そして、「Users」テーブルをクリックして内容を表示しましょう。

図5-103：「データ」に切り替え、「Users」テーブルを選択する。

「住所」を追加する

　Usersに住所の項目を追加しましょう。「項目を追加」から「テキスト」メニュー項目を選択し、現れたパネルで名前を「住所」と入力してOKしましょう。これで、Usersに「住所」が追加されます。

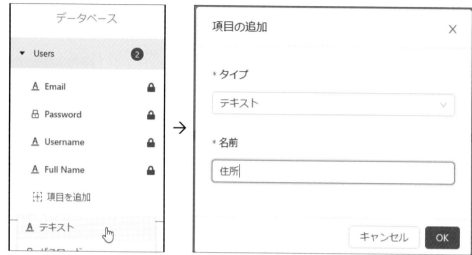

図5-104：「項目を追加」から「テキスト」を選び、項目名を「住所」と設定する。

レコードを編集する

　Usersに用意されているレコードに「住所」の値を追記していきましょう。レコードをクリックすると編集用のパネルが現れるので、「住所」の欄に値を記入しOKしてください。複数のレコードがある場合は、それぞれ住所を記入していきましょう。

図5-105：Usersレコードに「住所」の値を入力する。

マップを修正する

Usersテーブルに追加した住所の値を使って、マップにマーカーを表示させましょう。表示を「キャンバス」に戻し、ページに配置した「マップ」を選択して「エレメント」タブを選択します。そして、「マップ」設定項目をクリックして内容を表示しましょう。

ここには「ピンの数」という項目がありました。この値を「複数個」に変更します。すると、下に「データを選択して下さい」と表示された項目が現れるので、これを「Users」に変更します。

図5-106：「マップ」のピン設定を変更する。

ピンの地名・住所入力を設定

続いて、「ピン」設定をクリックして内容を表示してください。「ピンの入力設定」を「地名・住所入力」に変更します。下に「地名・住所入力」という欄が現れるので、ここに記入されたものをすべて削除し、カスタムテキストのアイコンをクリックしてメニューから「Current User」内の「住所」を選択してください。これで、Usersテーブルの各レコードにある「住所」の値を使ってピンを表示するようになります。

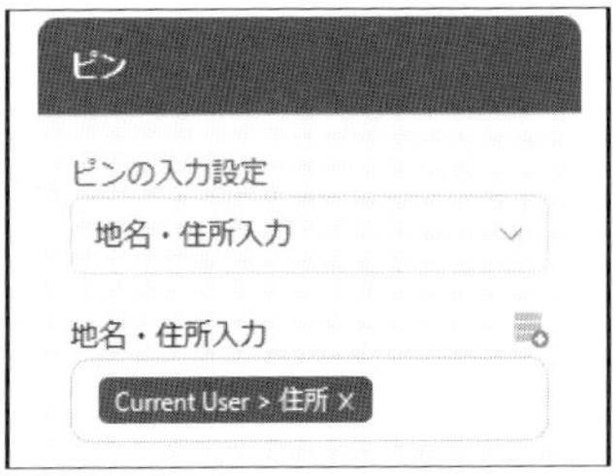

図5-107：「地名・住所入力」の設定を行う。

初期値とズームレベル

「ピン」の設定には、さらに「初期表示の設定」という項目が追加されています。これをONにすると、最初に表示される場所を指定できます。ここに、初期値として表示したい場所の住所や地名を記入してください。その下には、「地図のズームレベル」という項目も用意されています。これは、地図の倍率を指定するものです。数字が大きくなるほど拡大されて表示されます。5～10程度の値を入力しておくとよいでしょう。

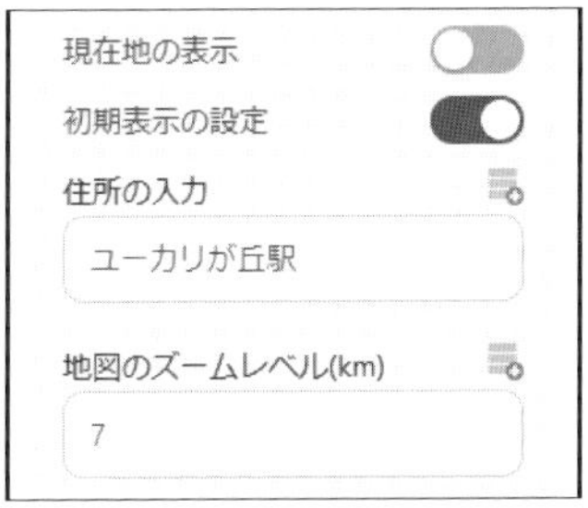

図5-108：初期値とズームレベルを設定する。

表示を確認する

一通り設定できたら、「プレビュー」で表示を確認しましょう。「初期値」で設定した場所にマーカーが追加され、地図の中央に表示されます。そして、Usersの「住所」に指定された場所に赤いマーカーが表示されているのがわかるでしょう。

このようにデータベーステーブルをマーカーに使うことで、位置の情報をマップで視覚化できるようになります。

図5-109：Usersの住所にマーカーが表示される。

マーカーをクリックしたときの処理

これで、マーカーを使ってテーブルの位置や住所を表示できるようになりました。次にやることは？　それは「マーカーをクリックしたらレコードの情報を表示する」ということでしょう。

マップにはClickFlowが用意されており、マーカーをクリックしたときのイベント処理を設定することができます。

では、マップを選択して「ClickFlow」タブを選択し、プルダウンして現れたメニューから「ページ移動」内の「新規ページ」メニュー項目を選択します。

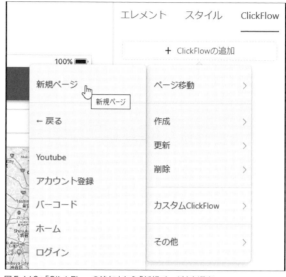

図5-110：「ClickFlowの追加」から「新規ページ」を選ぶ。

モーダルページを作る

新規ページのパネルが現れたら、名前を「マーカー情報」と入力しましょう。そして下の「モーダル」ラジオボタンを選択し、OKしてください。

図5-111：名前を入力し、モーダルページを作る。

ページが用意された

新しいモーダルのページが作成されます。ここに、Usersテーブルの情報を表示していきましょう。

図5-112：作成されたモーダルページ。

名前を表示する

　続いて、モーダルの表示内容を作成しましょう。まず、タイトル表示の「テキスト」エレメントを選択し、「エレメント」タブのテキストの値を空にしてからカスタムテキストのアイコンをクリックします。そして、「Current User」内の「Username」メニュー項目を選びます。これで、Usernameの値がタイトルとして表示されるようになりました。

図5-113：テキストにUsernameを表示する。

Emailと住所を表示する

　同様にして2つのテキストを用意し、それぞれにカスタムテキストの「Current User」内にある「Email」と「住所」を追加しましょう。これで、メールアドレスと住所が表示されるようになりました。

図5-114：Emailと住所を追加する。

表示を確認する

　「プレビュー」で表示を確認しましょう。「マップ」ページを表示したら、マップに表示されているマーカーをチェックします。Usersテーブルの住所のところにマーカーが表示されていますね。マーカーをクリックしてみてください。

図5-115：マップのマーカーをクリック。

Usersのレコードが表示される

　画面にモーダルのパネルが現れ、そこに名前、メールアドレス、住所といった情報が表示されます。マーカーで表示されているレコードの内容がクリックで表示できるようになりました！

図5-116：クリックしたマーカーの内容が表示される。

マップスタイルを利用する

　最後に、マップをカスタマイズして独自の表示を作成したい場合の方法についても触れておきましょう。マップの「スタイル」設定には「カスタムスタイル」という項目が用意されていました。これにスタイル情報を設定することで、マップの表示をカスタマイズすることができます。

　そのためにはマップスタイルを作成し、その内容をJSONデータとして取得する必要があります。これには、マップスタイルを編集するツールなどが必要です。ここではGoogleが提供する「Styling Wizard」というツールを利用した方法を紹介しておきます。

　Styling Wizardは、Google Maps APIでマップスタイルを作成するのに用意されているツールです。これは以下のURLで公開されています。

https://mapstyle.withgoogle.com

　ここにアクセスすると、「Cloud-based maps styling is here」と表示されたパネルが現れます。ここからマップスタイルを編集するページに移動します。

　マップスタイルの作成ツールには古いJSONベースのものと、新たに用意されたGCPのツールがあります。現在の新しいツールではJSONデータを生成しないため、古いツールを利用する必要があります。パネルの下部にある「Use the lagacy JSON styling wizard」というリンクをクリックしてください。以前からあるStyling Wizardが開かれます。

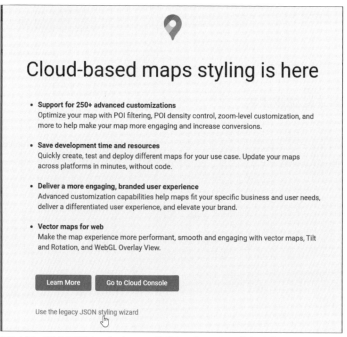

図5-117：パネルから「Use the lagacy JSON styling wizard」リンクをクリックする。

※Styling Wizardはすでに新しいツールがGCPに用意されているため、いずれ廃止され使えなくなるかもしれません。これは2023年3月時点の情報として掲載しています。

Styling Wizardを使う

Styling Wizardの表示が現れます。左側に「Create map style」と表示されたエリアがあり、そこにマップのテーマや道路、ランドマーク、ラベルなどの密度（どのぐらい細かく表示するか）を調整できます。

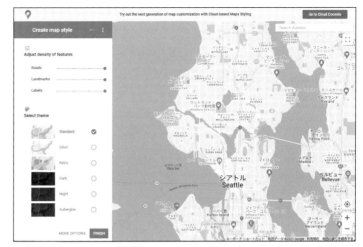

図5-118：Styling Wizardの画面。

細かな設定を行うには?

下にある「MORE OPTIONS」というリンクをクリックすると、もっと細かな設定が現れます。ここでは、マップに表示されるさまざまな要素について表示する項目のタイプ（地図上の要素とラベル）と、そのスタイルを細かく設定できます。これにより、マップに表示される内容を細かにスタイル設定できます。

本書はマップスタイルの解説書ではないので、詳しい説明は省略します。「Styling Wizardにはマップの要素について細かくスタイルを設定できる」ということだけ理解しておいてください。実際に表示される項目をいろいろと操作して、表示がどのように変わるか試してみるといいでしょう。

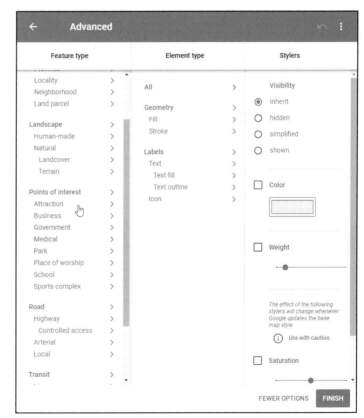

図5-119：マップの要素についてスタイルを設定できる。

JSONデータを取得する

　一通りの設定が完了したら、下部にある「FINISH」ボタンをクリックしてください。画面にパネルが現れ、JSONデータが表示されます。これが、マップスタイルのデータです。「COPY JSON」リンクをクリックするとJSONデータをコピーするので、どこかに保存しておきましょう。

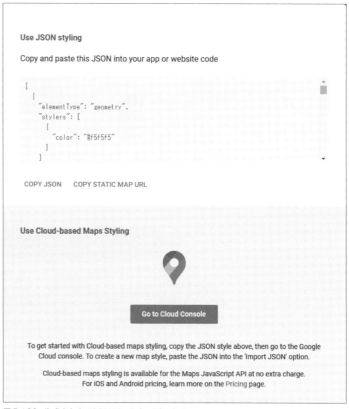

図5-120：生成されたJSONデータをコピーする。

スタイルデータをマップに設定する

　Clickに戻りましょう。ページに配置した「マップ」エレメントを選択し、「エレメント」タブから「スタイル」の項目をクリックし内容を表示してください。「カスタムスタイル」という項目がありますね。これが、マップスタイルのデータを設定するところです。ここに、先ほどコピーしたJSONデータをペーストしてください。

図5-121：「カスタムスタイル」にJSONデータをペーストする。

表示を確認する

　「プレビュー」で表示を確認しましょう。「マップ」ページを開くと、カスタマイズされたスタイルでマップが表示されます。独自のマップを作成したいときは、このようにカスタムスタイルを利用するとよいでしょう。

図5-122：カスタマイズされたマップが表示される。

Chapter 5

5.5.
Stripeによる決済処理

StripeとUnivaPay

　Clickでアプリ開発をしている人の中には、何らかの形でアプリから収益を上げることを考えている人も多いでしょう。商品の販売や、提供するサービスをサブスクリプションとして提供する、といったことを行いたい人もいるはずですね。

　Clickでは、マネタイズのための機能として2つの支払いサービスを利用するためのエレメントを用意しています。それは、「Stripe」と「UnivaPay」です。Stripeは、主にオンライン決済の代行サービスとして広く利用されています。個人事業主でもアカウント登録して、その場ですぐに使えるようになります。UnivaPayはさまざまな決済方法を一括導入できる決済サービスです。こちらは申請してから実際に使えるようになるまでにしばらくかかります。

　ここでは、扱いが簡単で誰でも登録してすぐに使えるようになる「Stripe」を使った決済サービスの利用について説明していきましょう。Stripeのサービスは以下のURLで公開されています。必要な情報はここですべて公開されています。

https://stripe.com/jp

　ここでアカウント登録してもいいのですが、Clickで利用する場合、Click内からアカウントの作成を行えるので、そちらで作業することにします。

図5-123：StripeのWebサイト。

新しいページの用意

支払い用のページを作成しましょう。まず「ホーム」ページに移動し、ボタンを1つ配置してください。名前とテキストは「支払い」と設定しておきます。

図5-124:「支払い」ボタンを配置する。

新しいページを作る

ボタンの「ClickFlow」タブを開いてください。「ClickFlowの追加」をクリックして現れるメニューで「ページ移動」内の「新規ページ」メニュー項目を選択し、「支払い」という名前で白紙のページを作成します。

図5-125:ClickFlowの「新規ページ」を選び、「支払い」と名前を入力する。

「トップ」エレメントの配置

作成したページに、「トップ」エレメントを配置します。タイトルは「支払い」に自動設定されます。例によって、左アイコンに「戻る」のClickFlowを追加しておきましょう。

図5-126:トップを配置する。

「ペイメント」エレメントを利用する

ページにエレメントを追加し、Stripeを使えるようにしましょう。まず、「インプット」を1つ用意しておきます。これは、支払う金額を入力するためのものです。配置したら名前を「金額」と変更し、「種類」を「数値」にしておきましょう。

図5-127：インプットを1つ配置しておく。

「Stripe」エレメントを配置する

　Stripeのエレメントを配置しましょう。支払い関係のエレメントは、「エレメント」タブの「マネタイズ」というところにまとめられています。この中から、「ペイメント」というアイコンをページまでドラッグ＆ドロップしてください。これが、Stripeを利用した一般的な支払いのためのエレメントになります。

　配置されるエレメントはカード情報を入力するインプットと、支払いを実行するボタンで構成されています。

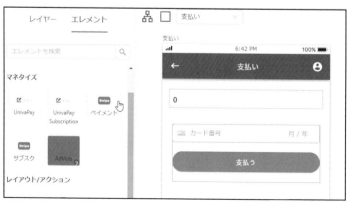

図5-128：「ペイメント」エレメントを配置する。

ペイメントの設定

配置した「ペイメント」エレメントを選択して、「エレメント」タブを見てみましょう。「名前」「表示設定」の下に、次のような項目が用意されています。

Stripe接続	Stripeと接続するためのものです。利用時は必ず接続を行います。
メールアドレス	支払う利用者のメールアドレスを入力します。
支払い金額	支払う金額を数値で入力します。
支払い詳細	支払いに関する補足情報が必要な場合に記入します。
タイトル	タイトルの表示をON/OFFします。
送信ボタン	購入を行うボタンの表示です。

詳しい使い方は後ほど説明しますが、これらの設定を行ってエレメントを利用することになります。このうち、必ず最初に行うのが「Stripe接続」です。また、実際に支払いを実行する際は「メールアドレス」と「支払金額」は必ず設定しなければいけません。

図5-129：ペイメントの設定。

「Stripe接続」で接続する

「Stripe接続」という設定をクリックして内容を表示してください。ここには以下の2つの項目が用意されています。

Stripeへ接続する	Stripeへの接続を行います。
Turn on test mode	テストモードをONにします。

最初に、「Stripeへ接続する」で接続を行います。まだStripeのアカウントがない場合は、アカウント登録を行います。「Turn on test mode」はStripeの利用を開始して、Stripeでの購入処理を試す際に利用します。

図5-130：「Stripe接続」に用意されている設定。

Stripeの使用を開始する

「Stripeへ接続する」ボタンを
クリックしてください。新しい
Webページが開かれ、「Stripeの
使用を開始する」と表示されます。
ここでアカウントとして使用す
るメールアドレスを入力し、「続
ける」ボタンをクリックします。

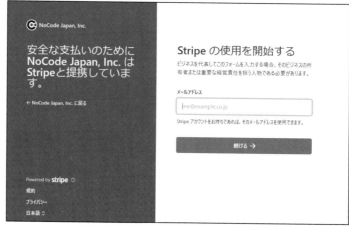

図5-131：メールアドレスを入力し、「続ける」ボタンをクリックする。

パスワードを入力する

　まず、すでにアカウントを持っ
ている場合の手順から説明しま
しょう。アカウントが作成済み
の場合、送信したメールアドレ
スでアカウントにログインしま
す。アカウントのパスワードを
入力し、「ログイン」ボタンをク
リックしましょう。

図5-132：パスワードを入力し「ログイン」ボタンをクリックする。

ログインを確認

　登録された携帯電話番号にSMSで6桁の確認コードが送信されます。これを入力してください。

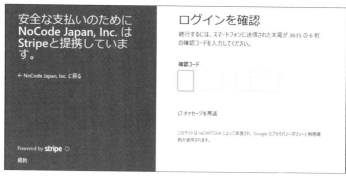

図5-133：6桁の確認コードを入力する。

連結するアカウントを選択

利用可能なアカウントが表示されるので、そこからClickで使うアカウントを選択し、「連結する」ボタンをクリックします。これでアカウントが連結され、Stripeが利用可能になります。すでにアカウントを持っている場合の作業はこれで終わりです。

図5-134：アカウントを選択して連結する。

Stripeアカウントを登録する

続いて、まだアカウントを持っていない場合の手順を説明しましょう。「Stripeの使用を開始する」画面でメールアドレスを入力して「続ける」ボタンをクリックすると、「無料のStripeアカウントを作成する」という表示が現れます。ここで、登録するメールアドレスに設定するパスワードを入力してください。パスワードは10桁以上で異なる文字種を含んでいる必要があります。

図5-135：登録するパスワードを入力する。

携帯電話番号の入力

セキュリティ維持のために、携帯電話番号を登録する必要があります。入力後、「テキストを送信」ボタンをクリックしてください。

図5-136：携帯電話番号を入力する。

確認コードを入力

入力した番号の携帯電話にSMSメッセージが送られてきます。そこに書かれている6桁の確認コードを入力してください。

図5-137：確認コードを入力する。

緊急バックアップコード

携帯電話の紛失など、緊急時にアカウントのロックを解除するためのバックアップコードが表示されます。これを必ずコピーし、安全な場所に保管してください。

図5-138：緊急バックアップコードをコピーする。

国と事業形態の指定

アカウントの登録作業に進みます。まず、国と事業形態（個人事業主か企業か、など）を入力します。

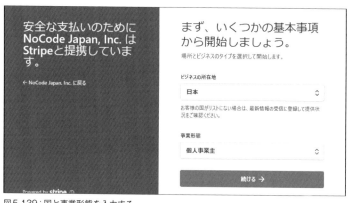

図5-139：国と事業形態を入力する。

個人情報の入力

個人情報の入力を行います。氏名、年齢、住所、電話番号、メールアドレスなどをすべて記入してください。

図5-140：個人情報を記入する。

業種・サービス内容

業種とビジネスのWebサイト、扱う商品やサービスの内容を記入します。サービス内容等は「Webサービス」のような漠然としたものではなく、具体的に記述しましょう。

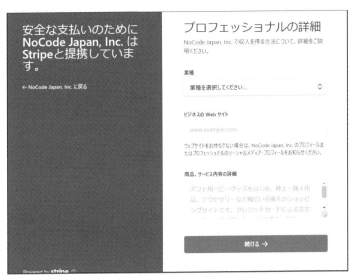

図5-141：業種とWebサイト、サービス内容を入力する。

改正割賦法に関する質問

改正割賦販売法に準拠するため、決済に関する質問に答えていきます。これは、利用者のカード情報などの扱いに関するものです。

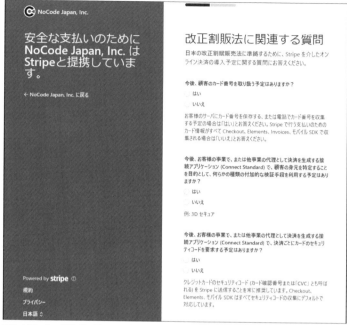

図5-142：カード情報の扱いに関する質問に答える。

銀行口座の入力

入金のための銀行口座の情報を入力します。口座名はカタカナで記入します。国内の銀行であれば、ほぼどこでも指定可能です。

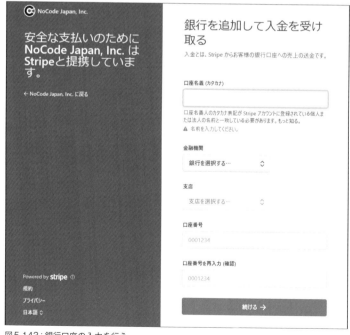

図5-143：銀行口座の入力を行う。

顧客向けの表示情報

　店舗、あるいはサービスの表示名を入力します。漢字・仮名・ローマ字で長い表記と短い表記をすべて記入してください。利用者からの問い合わせ電話番号も指定します。

図5-144：サービスの表示名を入力する。

確認して同意

　設定内容が表示されます。内容を確認し、問題なければ「同意して送信する」ボタンをクリックしてください。

図5-145：内容を確認して送信する。

接続完了

Stripeに情報が送信され、問題なくアカ
ウント登録が完了すると、自動的にClickと
Stripeが接続されます。接続完了の表示が現
れたら、表示を閉じて作業終了です。

図5-146：アカウントがClickと接続されたら表示を閉じる。

メールによるアカウント確認

まだ、終わりではありませ
ん！登録したメールアドレス
にStripeからアカウントの確認
メールが届きます。そのメール
にある「Verify email address」
ボタンをクリックして確認を
行ってください。これで入力し
たメールアドレスが確認され、
アカウントが正式に使えるよう
になります。

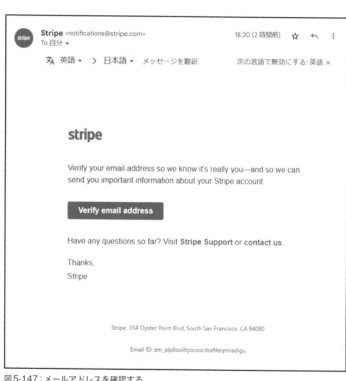

図5-147：メールアドレスを確認する。

テストモードの設定

次に行うのは、「テストモード」の設定です。Stripeが接続できても、いきなりエレメントを使って支払い
処理を実行するのはちょっと不安でしょう。そこでStripeではテストモードを用意し、実際の支払いは行
わず、動作だけを確認できるようになっています。

まず、Stripeのダッシュボードにアクセスしてください。

https://dashboard.stripe.com/dashboard

そして右上にある「テスト環境」というスイッチをONにし、「開発者」ボタンをクリックします。これで、テスト環境で開発するためのページが表示されます。

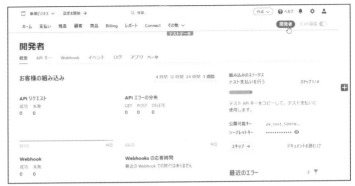

図5-148：テスト環境で開発者ページを開く。

テストAPIキーの取得

右側上部に「テスト支払いを行う」という表示があります。ここにはテストモードで支払いを行うためのAPIキーが表示されます。掲載されている「公開可能キー」と「シークレットキー」の2つをコピーし、どこかに保管してください。

図5-149：テストAPIキーをコピーする。

「Turn on test mode」を実行

Clickに戻り、ページに配置した「ペイメント」エレメントの設定を行います。「エレメント」タブの「Stripe接続」設定項目内にある「Turn on test mode」のボタンをクリックしてください。

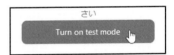

図5-150：「Turn on test mode」ボタンをクリックする。

公開可能キーを入力

入力ダイアログが現れます。「Publishable Key」というフィールドが表示されるので、ここにコピーした公開可能キーをペーストします。

図5-151：公開可能キーを入力する。

シークレットキーを入力

次に進むと、「Secret Key」というフィールドが表示されます。コピーしたシークレットキーをペーストしてOKしてください。これで、テストモードがONになります。

以上でStripeのエレメントの準備が完了しました。Stripeで支払い処理が行えるようになります。

図5-152：シークレットキーを入力する。

Stripeで支払いをする

では、支払いのために必要な設定を行いましょう。支払いを行うには、利用者のメールアドレスと支払う金額を「ペイメント」エレメントに用意する必要があります。

まずは、メールアドレスからです。ページに配置した「ペイメント」エレメントを選択し、「エレメント」タブの「メールアドレス」設定をクリックして内容を表示しましょう。そして、「購入者のメールアドレス」のカスタムテキストアイコンをクリックし、メニューから「Logged In User」内の「Email」メニュー項目を選択します。これで、「Logged In User > Email」というカスタムテキストのパーツがフィールドに追加されます。

図5-153：「Logged In User」の「Emailをメールアドレスに追加する。

支払金額の設定

続いて、支払金額の設定です。ここでは、用意してある「金額」インプットの値をそのまま金額として使うことにしましょう。「エレメント」タブの「支払金額」設定をクリックして開き、「支払金額」のカスタムテキストアイコンをクリックしてメニューを呼び出します。そして、「Form Inputs」内から「金額」メニュー項目を選んでください。「金額」インプットの値が設定されます。

その下にある「通貨」は「JPY」のままにしておきましょう。これで、通貨に「円」が指定されます。

図5-154：支払金額に「金額」インプットを設定する。

動作を確認する

「プレビュー」でアプリを実行して動作を確認しましょう。「ホーム」ページが現れたら、「支払い」ボタンをクリックしてページを移動します。

図5-155：ホームにある「支払い」ボタンをクリックする。

金額とカード情報を入力

「支払い」ページに移動したらインプットに金額を記入し、その下の「ペイメント」の入力欄にカード情報を記入します。Stripeではテストモード用に、次のようなダミーのカード番号を用意しています。

Visa	4242 4242 4242 4242
Mastercard	5555 5555 5555 4444
American Express	3782 822463 10005
Discover	6011 1111 1111 1117

これらのダミーカードの番号をいずれか選んで記入してください。月日は今日より先の値を設定し、セキュリティコードは適当な3桁の数字を入力します。

図5-156：金額とカード情報を入力する。

支払いを実行する

入力したら、「支払う」ボタンをクリックしましょう。Stripeにアクセスし、支払い処理を行います。問題なく支払い処理が完了したら、緑色の文字で「Payment Successful」とメッセージが表示されます。

図5-157：問題なく支払いができたら、「Payment Successful」と表示される。

支払いが正常に行えなかった場合、赤字でエラーメッセージが表示されます。表示される内容はエラーの原因によって変わります。例えば、入力したカード情報が通らず却下された場合は「Your card was declined.」と表示されます。

図5-158：支払いができなかった場合はエラーメッセージが表示される。

支払い後の処理について

支払いが完了したことは、緑色の小さな文字で「Payment Successful」と表示されるのでわかります。けれど、これではあまりに心もとないですね。よくわからず続けて何度も「支払い」ボタンをクリックする人もいるかもしれません。支払い完了後は別のカードに移動するなどして支払いの再送を防ぐような処理が必要でしょう。

「ペイメント」の「ClickFlow」には、支払い後の処理を設定するための項目が次のように用意されています。

決済成功時のClickFlow	問題なく支払ったときの処理です。
決済失敗時のClickFlow	支払いができなかったときの処理です。

図5-159：ClickFlowで支払い後の処理を設定できる。

これらにClickFlowでページ移動などの処理を用意すれば、Stripeで支払いをした後に他のページに移動させることができます。また、正常に支払えた場合は、購入した商品や金額、購入者の情報などをメールで送信するなどすると、購入後の処理をしやすくなるでしょう。

決済後はそれぞれで対応を!

これで、Stripeを利用した支払い処理ができるようになりました。ただし、よく頭に入れておいてほしいのは「これでできるのは、決済の処理だけだ」という点です。

支払ったなら、購入した商品を発送したり、サービスを利用できるようにしないといけません。これは当たり前ですが、Stripeは行えません。自分で処理をする必要があります。「支払ったのにサービスが使えるようにならない」「商品が届かない」となってしまってはビジネスの信用は丸つぶれです。

また、Stripeのエレメントを使って決済をしても、そのことは開発者に連絡されません。Stripeの管理画面で支払内容などは確認できますが、支払い後にメールで内容を送るようにするなどして、すぐに対応できるような体制を整えておくことも重要でしょう。

Stripeを利用する前に、「購入後、どのように処理するか」をしっかりと考え、着実に実行できるようにしてから決済の処理を作成するようにしましょう。

Chapter 6

より高度なデータ処理

Clickのもっとも重要な部分は「データをどのように処理するか」です。
ここでは複数のテーブルを連携して使う方法や、
レコードの一部を更新する方法について説明します。
また外部のAPIを利用する「外部データベース」の作成や、
カスタムClickFlowの利用についても説明をします。

Chapter 6

6.1.

テーブルの連携

複数テーブルを連携する

　Clickで本格的なアプリを作る場合、単にエレメントの使い方を覚えただけでは作れるものにも限界があります。それ以上にマスターすべきは「データの扱い方」です。

　Clickにはデータベース機能があり、テーブルを使ってデータを管理できます。しかし、ここまでは基本的に1つ1つのテーブルが独立して使われるサンプルばかりでした。より高度なアプリを設計するためには、テーブルとテーブルを連携して処理するような仕組みの作り方を理解する必要があるでしょう。

　このテーブルどうしの連携は、どのレコードを関連付けるかによっていくつかの方式に分けて考えることができます。簡単に整理しましょう。

1対1（One to One）方式

　「1対1」はAテーブルの1つのレコードに対し、Bテーブルの1つのレコードが対応する、というものです。例えば図書館データを考えたとき、市民テーブルと発行した図書カードのテーブルなどがそうなるでしょう。それぞれの個人に1枚しかカードは発行されません。

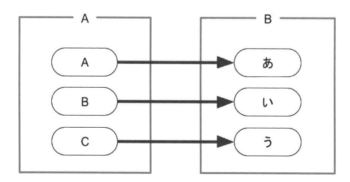

図6-1：1対1方式。Aのレコードが1つ、Bのレコードが1つ対応する。

1対多（One to Many）、多対1（Many to One）方式

　「1対多」はAテーブルのレコード1つに対し、Bテーブルの複数のレコードが対応するものです。これは逆にBテーブル側から見れば、Bテーブルの複数のレコードにAテーブルの1つが対応するわけで「多対1」となります。

図書館データなら、利用者と借りる本の関係になります。各利用者は複数の本を借りられますが、本は同時に複数の人には借りられません。

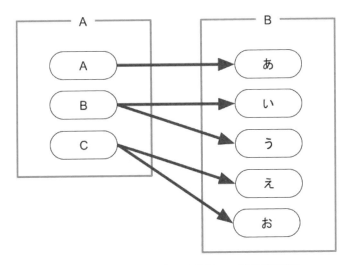

図6-2：1対多方式。Aのレコード1つにBのレコード複数が対応する。

多対多（Many to Many）方式

「多対多」はAテーブルのレコード複数に対し、Bテーブルのレコード複数が対応する、というものです。お互いに相手側の複数レコードと対応できるものですね。

図書館のデータで考えるなら、利用者と本の貸出履歴データの関係でしょう。利用者はこれまで多数の本を借りているでしょうし、本もこれまでに多数の利用者に借りられていますから。

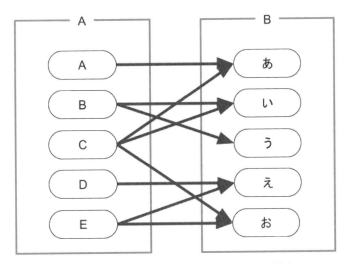

図6-3：多対多方式。Aのレコード複数がBのレコード複数に対応する。

テーブルの関係はどの方式か?

テーブルどうしの連携では、まず最初に「2つのテーブルはどういう関係にあるか」を考えなければいけません。1対1か、1対多か、多対多か。この関係によってテーブルの設計も変わりますし、フォームなどのデザインも、データ更新のやり方も変わってきます。どのレコードがどのレコードと関連付けられるか。それをよく考えて連携の方式を決めるようにしましょう。

連携のための項目について

2つのテーブルを連携するとき、考えるのは「どのテーブルをどのテーブルに関連付けるか」です。この関連付けは、「関連付ける項目」を用意することで行います。

例えば、「図書館の利用者」と「貸し出した本」のテーブルを連携するとしましょう。すると、これは「利用者」に対して複数の「本」が関連付けられます。この関連付けは2つのやり方が考えられます。

①「利用者」に「借りた本」の項目を用意し、これに「本」テーブルのレコード情報を保管する。
②「本」に「借りた利用者」の項目を用意し、これに「利用者」テーブルのレコード情報を保管する。

どちらでも同じように思うでしょうが、実際に使うことを考えると、使い勝手は大きく違ってきます。①の方式だと、利用者テーブルに借りる本をいくつも設定することになります。②の方式の場合は、本テーブルで借りる本のレコードに利用者を設定することになります。図書館で本を借りたときの入力を考えたなら、①はちょっと面倒な気がしますね。10冊の本を借りようとしたら、利用者のレコードを開いて10冊分のデータを追加していかないといけません。それより、②のほうが簡単でしょう。これなら1冊1冊のレコードを開いては利用者を設定していくので、それほど複雑にはならないでしょう。

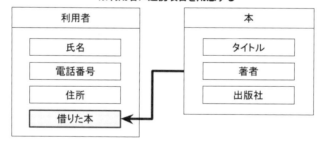

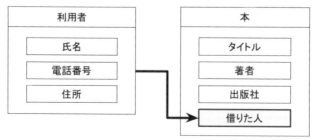

図6-4：2つのテーブルを連携する場合、どちらに「連携のための項目」を用意するかで連携の形が決まる。

Clickでのレコード連携は、このように「連携のための項目を用意して、そこに連携するテーブルのレコードを追加する」という形になります。したがって、どちらに連携のための項目を用意するかを決めておく必要があります。

Userと成績表を連携する

実際にテーブルどうしを連携させてみましょう。今回は、最初に作成した「サンプルアプリ」を利用します。このアプリには、「Users」と「成績表」という2つのテーブルが用意されていました。これらを連携させてみましょう。

ここでは成績表に「学生」という項目を追加し、これを使ってUsersテーブルのレコードを連携することにします。では、「キャンバス」「データ」の切り替えボタンから「データ」をクリックし、表示を切り替えてください。そして、左側のデータベースのところにある「成績表」を選択します。

図6-5:「データ」に表示を切り替え、「成績表」を表示する。

「氏名」を「学籍番号」に変更

「成績表」テーブルを修正しましょう。まず、「氏名」Usersに保管されていますから「Name」は不要になりますね。これを別の項目として使うことにしましょう。「成績表」テーブルから「氏名」をクリックし、現れたパネルで名前を「学籍番号」に変更しましょう。

図6-6:「成績表」の「氏名」を「学籍番号」に変更する。

「データの紐付け」で「Users」を選ぶ

テーブルに、別テーブルと連携する項目を追加します。「成績表」の「項目を追加」をクリックし、プルダウンして現れたメニューから「データの紐付け」という項目にマウスポインタを移動してください。サブメニューに「Users」「成績表」とテーブル名の項目が表示されます。ここから「Users」メニュー項目を選んでください。

図6-7：「項目を追加」で「Users」を選択する。

成績表とUsersの関係を選択する

画面にパネルが現れます。ここに「成績表とUsersの関係を選択してください」と表示され、以下の選択項目が現れます。

①Userは複数の成績表sを保有します。成績表は1つのUserにしか属しません。
②Userは1つの成績表のみを保有します。成績表は複数のUsersを保有します。
③成績表は複数のUsersを保有します。Userは複数の成績表sを保有します。

これらは、それぞれ「1対多」「多対1」「多対多」の連携方式を示すものになります。「1対1」は用意されていませんが、これは「1対多」と同じに考えればいいでしょう。
ここでは、最初の項目を選択しておきます。これは、成績表のレコード1つに複数のUsersが連携するものです。
ここでは、「成績表に1つのUsersと連携する項目を用意する」ということを行っています。「成績表に1つのUsersが連携する」というのは1の方式しかありませんから、自然とこれを選ぶことになります。また、名前には「学生」と入力しておきましょう。

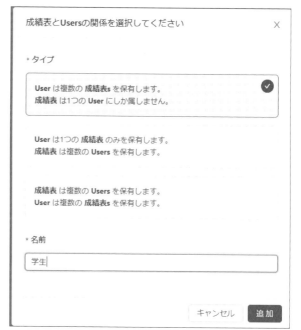

図6-8：関係のタイプと項目の名前を設定する。

「学生」が追加された

これで、「学生」という項目が追加されました。この項目に、関連する「Users」テーブルのレコードを設定することになります。

図6-9：「学生」の項目が追加された。

レコードを編集する

「成績表」テーブルのレコードを編集しましょう。テーブルのレコードが一覧表示されているところでレコードをクリックすると、編集用のフォームが表示されたパネルが現れます。ここで値を編集できます。

新たに追加した「学生」はプルダウンメニューになっており、クリックするとUsersテーブルに登録されているユーザがメニューで現れます。ここからメニュー項目を選べば「学生」に値を設定できます。

やり方がわかったら、すべてのレコードについて「学生」の値を設定しておきましょう。また、「氏名」も「学籍番号」に変更したので、併せて適当な値に修正しておくとよいでしょう。

成績表を編集	✕
学籍番号	タロー
国語	98
数学	54
英語	78
受験日	2023-03-15
追試	●
学生	taro@yamada.kun
	ichiro@baseball
	jiro@change.kik
	sachiko@happy.nyan
	hanako@flower.san
	taro@yamada.kun
	syoda@tuyano.com

図6-10：編集用のフォームで「学生」の値を選択する。

成績表のフォームを修正する

テーブルの修正に合わせて、すでに作成してあるページを修正していきましょう。まず、「成績の追加」と「成績の編集」ページのフォームに「学生」の項目を追加します。項目の追加はフォームを選択した後、「エレメント」タブの「項目」内にある「表示項目の追加」から「学生」メニューを選んで行います。

図6-11:「成績表」のフォームに「学生」の項目を追加する。

「成績表」ページを修正する

「成績表」テーブルの「学生」という項目で「Users」テーブルのレコードが設定されているということは、「成績表」から「Users」の値を利用できる、ということになります。では、これもやってみましょう。

まず、「成績表」ページを開いてください。ここでは、「カスタム」エレメントで作成した「成績表」のリストが表示されています。リストには「氏名」という表示がありましたが、これは「成績表」の「氏名」の値を表示していました。今は「学籍番号」の値になっています。この表示を、「学生」に設定されたUsersレコードの値を使って表示するように修正しましょう。

「成績表」の「カスタム」エレメント内に配置してある、「氏名」が表示されたテキストを選択してください。「エレメント」タブの「テキスト」には、「Current 成績表 > 学籍番号」というパーツが設定されているでしょう（図6-12）。

この「Current 成績表 > 学籍番号」を削除し、カスタムテキストのアイコンをクリックしてメニューを呼び出してください。そして、「Current 成績表」内の「学生」というメニュー項目にマウスポインタを移動します。すると、「学生」に割り当てられているUsersレコードの項目がさらにサブメニューとして現れます。この中から「Username」メニュー項目を選択してください（図6-13）。

図6-12：カスタムリストの「氏名」には「Current 成績表 > 学籍番号」が設定されている。

図6-13：テキストに「Current 成績表」内の「学生」から「Username」を指定する。

Usersの「Username」が設定された

　テキストの欄に「Current 成績表 > User > Username」というカスタムテキストのパーツが追加されます。これでUsersテーブルから名前を取り出し、表示するようになりました。

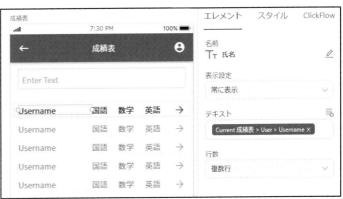

図6-14：テキストにカスタムテキストのパーツが追加された。

表示を確認する

　「プレビュー」で表示を確認しましょう。「成績表」ページにアクセスすると、ちゃんとそれぞれの名前が表示されます。この名前は「成績表」テーブルではなく、連携する「Users」テーブルから取得しています。

　このようにテーブルを連携させると、関連する別のテーブルの情報も利用できるようになるのです。

図6-15：リストにUsersテーブルから取得した名前が表示されるようになった。

「成績表示」ページを修正する

　やり方がわかったら、同様にして「成績表示」ページも修正しましょう。ここでも「成績表」テーブルの「氏名」を表示していましたが、これをカスタムテキストから「Current 成績表 > User > Username」を表示するように修正します。

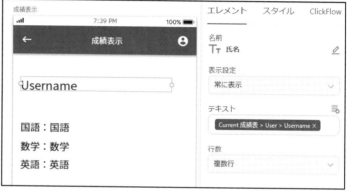

図6-16：「成績表示」のテキストに「Current 成績表 > User > Username」を設定する。

「Users」テーブルはどうなった？

　「成績表」に用意した「学生」から、関係するUsersレコードを自由に利用できることがわかったことでしょう。

　では、逆はどうでしょう？　つまり、「Users」テーブルのレコードから、関係する「成績表」のレコードは取り出せるのでしょうか？　「キャンバス」から「データ」に表示を切り替え、「Users」テーブルの内容を確認してみましょう。

　すると、「Users」の中に「成績表」という見覚えのない項目が追加されていることに気がつくでしょう。これは、「成績表」の「学生」に設定した「Users」のレコード情報が保管されるものなのです。「連携」を使って他のテーブルに連携する項目を作成すると、相手側のテーブルにもそれに対応する項目が自動的に作成されるのです。

図6-17：「Users」テーブルに「成績表」という項目が追加されている。

Usersから「成績表」は操作できない?

この自動生成された「成績表」は利用できるのか、確かめてみましょう。適当なページに「テキスト」エレメントを配置し、「エレメント」タブの「テキスト」にあるカスタムテキストのアイコンをクリックしてメニューを呼び出してみましょう。

メニューには、ログインしているユーザーの情報が「Logged In User」という項目として用意されています。この中に、Usersテーブル(と、ユーザーアカウントに独自に追加されている項目)がメニューとして表示されます。そのさらに下に、「成績表(学生)」という項目が追加されています。ここから、連携する成績表のデータを得ることができます。ただし、値は得られますが、この連携している成績表をUsers側から変更などすることはできないので注意が必要です。

Clickのデータベースでは、「1対多」あるいは「多対1」で2つのテーブルを連携した場合、「1」の側からのみ連携の設定や編集が行え、「多」の側で編集することはできません。

例えば、ここでは「1つの成績表」に対し「多のUsers」を連携しました。成績表からは常に1つのUsersしか選択できないようになっています。このような場合、値を設定し編集できるのは成績表側のみで、Users側ではできないのです。

「多対多」で連携した場合は、連携する両側のテーブルで自由に値を設定し、編集することができます。「たった1つの相手だけにつながっている」という場合は、その「たった1つの相手」のほうで自由に関係を編集することはできないのです。

図6-18:カスタムテキストで「Logged In User」を見ると、下のほうに「成績表(学生)」が追加されている。

「大学」テーブルを作る

「成績表」と「Users」の連携は、もっとも簡単な「1つのレコードに1つのレコードが対応する」というものでした。では、1つのレコードに複数のレコードが対応するような連携はどのようになっているのでしょうか。ここでは例として、「大学」というテーブルを作ってみましょう。そしてUsersの各学生に受験する大学の項目を用意し、そこに複数の大学を設定できるようにしてみます。

編集画面の表示を「キャンバス」から「データ」に切り替えてください。そして、左側の「データベース」の欄にある「テーブルを追加」をクリックし、現れたパネルで名前を「大学」と入力してOKしましょう。

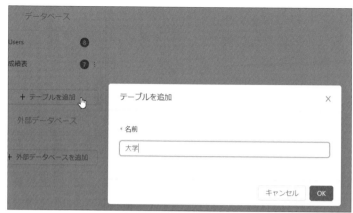

図6-19：「テーブルを追加」のパネルでテーブル名を入力する。

Nameを「大学名」に変更

「大学」テーブルが作成されたら、テーブルにある「Name」項目をクリックしてください。「項目の編集」パネルが現れるので、名前を「大学名」に変更してOKします。これで、Nameは「大学名」に変わります。

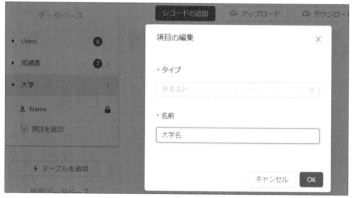

図6-20：Nameを「大学名」に変更する。

「大学」テーブルを確認

修正したら、「大学」テーブルをクリックして内容を確認しましょう。「大学名」という項目が1つだけのテーブルが用意できました。

図6-21：「大学」テーブルを確認する。

「大学」テーブルにレコードを追加する

「大学」テーブルにレコードを追加しましょう。「レコードの追加」ボタンを使い、サンプルとしていくつかのレコードを追加してください。名前だけですから、簡単に作成できるでしょう。

図6-22：サンプルのレコードをいくつか追加する。

Usersと大学を連携する

　作成した「大学」テーブルと「Users」テーブルを連携させてみましょう。Usersの各レコードに、その学生が受験する大学の情報を保管する項目を用意してみます。

　左側のテーブルの一覧から「Users」テーブルをクリックして内容を展開表示してください。そして「項目を追加」ボタンをクリックし、プルダウンメニューを呼び出します。その中から「データの紐付け」というところにある「大学」メニュー項目を選択しましょう。これで、「大学」テーブルと連携する項目を追加できます。

図6-23：「項目を追加」のメニューから「データの紐付け」内にある「大学」を選ぶ。

テーブル間の関係を指定する

　画面に項目を設定するためのパネルが現れます。この中にある「タイプ」から以下の項目を選びます。

- Userは複数の大学sを保有します。
- 大学は複数 Usersを保有します。

　このように書かれた項目を選ぶと、「複数のUsersと複数の大学」が連携し合うようになります。つまり、「多対多（Many to Many）」の関係で連携されるのです。その下の「名前」には、「受験する大学」と値を記入しておきましょう。

図6-24：大学とUsersの関係を指定する。

Usersのレコードを編集する

続いて、Usersテーブルのレコードを編集してみましょう。どれか適当なレコードを選び、クリックして編集画面を開いてください。

Usersテーブルは項目数も増えてきたので、一度にすべて表示できないかもしれません。その場合は表示をスクロールすると、下のほうに「受験する大学」という項目が見えるでしょう。

この項目をクリックすると、用意されているレコードがプルダウンメニューとして現れます。この中から値を値をクリックすると、それが追加されます。この「受験する大学」項目は複数の値の設定が可能です。メニューから値を選べば、いくつでも追加することができます。

図6-25：「編集パネルを開いたら下にスクロールし、「受験する大学」をクリックしてメニューからレコードを選ぶ。

「大学」テーブルはどうなった？

これで、Usersに大学を連携して設定できるようになりました。では、連携された「大学」テーブル側はどのようになっているでしょうか。

左側のテーブル名のリスト表示から「大学」をクリックし、その内容を展開表示させましょう。すると、先ほどまで「名前」の1項目しかなかったテーブルに、「Users」という項目が追加されているのがわかります。

テーブルの関連付けは、「Users」テーブルに「大学」を連携する項目を追加して行いました。しかし、反対側の「大学」テーブルにも、連携するUsersテーブルのレコードを保管する項目が自動的に追加されているのがわかります。

図6-26：「大学」テーブルに「Users」という項目が追加されている。

大学のレコードを確認する

「大学」テーブルのレコードの一覧を見ると、「Users」項目に「4 User」というように値が表示されているのがわかります。これは、連携しているUsersテーブルのレコード数を表しています。「大学」テーブルのレコードにも複数のUsersレコードが関連付けられているのですね。

大学名	Users
私立D大学	4 User
都立C大学	5 User
県立B大学	2 User
国立A大学	4 User

図6-27：「大学」テーブルのレコードには「Users」に関連付けられたUsersのレコード数が表示される。

「大学」のレコードを編集する

「大学」テーブルのレコードから適当なものをクリックして編集画面を開いてみましょう。すると、パネルに大学名とUsersの値が表示されます。Usersには、複数のUsersテーブルのレコードが値として追加されているのがわかります。また、この項目もその場で値を編集することができます。

先にUsersと成績表を連携したときは、Usersテーブルの「成績表」の項目は編集できませんでしたね（「成績表」側からしか値は操作できない）。この違いは、連携のタイプによるものです。タイプでは「1対多」「多対1」「多対多」の3通りの連携タイプが用意されていました。このうち、「1対多」「多対1」のタイプを選択した場合、1のテーブルで値を編集することはできますが、多のテーブルから編集することはできないのです。今回のように「多対多」の関係で関連付けた場合は、両側共に値を編集できます。

図6-28：「大学」のレコードを編集すると、「Users」に多数のUsersレコードが追加されているのがわかる。

複数レコードの値の表示

レコードの関連付けでは、関連するテーブルの複数のレコードが値として設定されることは多々あります。このような場合、関連するレコードの情報を表示するにはどうすればいいのでしょうか。

Clickでは、複数のレコードが設定されている項目の値は、テキストなどで内容を表示させることができません。テキストで表示できるのは、テキストだけなのです。

実際に確認をしてみましょう。サンプルアプリでは、Usersのレコードをリスト表示する「アカウントリスト」というページを作っていましたね。このページを開いてください。そして、配置してある「カード」エレメントを選択しましょう。

カードでは、タイトルやサブタイトルを項目として用意できました。作成した「カード」ではタイトルとサブタイトルは使っていましたが、「サブタイトル2」はOFFにしてありました。

図6-29：「カード」ではサブタイトル2はOFFになっている。

サブタイトル2に大学名は表示できるか？

では、「カード」の「サブタイトル2」をONにして、そのテキストを設定してみましょう。テキストのカスタムテキストアイコンをクリックし、リストの各レコードに保管されている「大学」の値を表示させてみます。

カスタムテキストのアイコンで表示されるメニューから、「Current User」のメニュー項目を見てください。各Usersテーブルのレコードにある値が表示され、選択して値を追加できます。ところが、ここに表示されている項目を見ても、「大学」という項目はありません。「大学」内にあるテキストの値など表示することはできますが、「大学」の項目そのものをリストで表示することはできないのです。

図6-30：「Curent User」では、「大学」の項目自体は選択できない。

「タグリスト」を活用する

各Usersに関連付けられた大学の値を表示することはできないのか？　これは、「テキスト」ではできません。けれど、複数の値を表示するためのエレメントを使えば可能です。

リストなどもそうしたエレメントですが、今回は「タグリスト」というエレメントを使ってみましょう。タグリストは名前の通り、複数のタグを表示するためのエレメントです。これを使うことで、Usersに保管されている大学を表示できるようになります。

例として、「成績表示」のページに大学の項目を追加してみましょう。「成績表示」のページは、「成績表」ページのリストで項目を選択すると、そのレコードの情報が表示されるページでした。

図6-31：「成績表示」のページ。「成績表」のリストから選択した「成績表」テーブルのレコードを持ち出し、ここで表示する。

タグリストを追加する

このページに「タグリスト」を追加しましょう。タグリストは、「エレメント」タブの「アウトプット」というところに用意されています。これをドラッグ＆ドロップしてページに配置してください。

図6-32：「タグリスト」エレメントをページに配置する。

タグリストの設定

タグリストを選択し、「エレメント」タブを見ると、いくつかの設定項目が用意されていることがわかります。

タグリスト	タグリストで使用するテーブルを設定します。
タイトル	タグリストのタイトルに表示する内容を指定します。
画像	タグリストに表示する画像を指定します。
アイコン	タグリストに表示するアイコンを指定します。

このうち、「タグリスト」でのテーブル選択が最初に行うべき設定です。これにより、タグリストは指定のテーブルの値を使ってタグを表示するようになります。

図6-33：タグリストに用意されている設定。

データベースのテーブルを指定する

「タグリスト」の設定をクリックし、中に表示される「データベースの選択」から「大学」を選択してください。これで、「大学」テーブルの内容をタグリストとして表示するようになります。

図6-34：データベースの選択から「大学」を選ぶ。

フィルターを選択する

続いて、フィルターの設定をします。今の状態では、タグリストに「大学」テーブルのすべてのレコードが表示されてしまいます。「成績表示」ページは「成績表」のリストから選択したレコードが持ち出されて表示されるページですから、持ち出した「成績表」レコードの学生（Users）の「受験する大学」の値をタグリストに表示するように設定する必要があります。

では、「タグリスト」設定項目内にある「フィルター」の値をクリックし、プルダウンして現れるメニューから「Current 成績表 > 学生 > 受験する大学」というメニュー項目を選んでください。

これで、この成績の学生（Users）が受験する大学がタグリストに設定されました。

図6-35：フィルターで学生の受験する大学を表示する。

タイトルを設定する

タグリストに大学のレコードが割り当てられるようになりましたが、まだ大学の名前が表示されるようにはなっていません。タグリストの表示は、「タイトル」という項目を使って設定する必要があります。

「エレメント」タブにある「タイトル」をクリックして内容を表示し、その中の「テキスト」の値をすべて消してからカスタムテキストのアイコンをクリックしてメニューを呼び出してください。そして、「Current 大学」内の「大学名」というメニュー項目を選択します。

この「Current 大学」というのは、タグリストに割り当てられる大学の各レコードを示すものです。先ほど「タグリスト」の設定項目で、「大学」テーブルのレコードを使うようにしました。これによりタグリストでは、個々のタグに大学のレコードが割り当てられるようになります。この「タグに割り当てられる個々の大学レコード」が「Current 大学」です。そこから「大学名」を取り出し、タイトルとして表示するわけです。

図6-36：タイトルのテキストを設定する。

表示を確認する

表示を確認しましょう。「プレビュー」を使ってアプリを実行してください。「成績表」のページを開いたら、適当な項目をクリックしてください。

図6-37：「成績表」ページで見たい項目をクリックする。

成績表示で受験する大学が表示される

「成績表示」ページに移動し、クリックして項目の内容が表示されます。ここで、追加したタグリストにこの学生の受験する大学名がすべて表示されます。タグリストを使うことで、関連する複数のレコードを表示できるようになりました！

図6-38：タグリストに受験する大学がすべて表示される。

6.2.

データの値を活用する

レコードの一部の値を更新する

　データの活用ということを考えたとき、テーブルに保管されている項目の一部だけを更新する方法も知っておく必要があります。テーブルの更新というと、「テーブルの情報がフォームなどでズラッと表示され、それを修正して更新する」というやり方がまず思い浮かぶでしょう。けれど、そういう更新の仕方以外にもレコードの更新を行うことはよくあります。それは、「更新していると意識しない更新」です。

　例えば、成績表のテーブルには「追試」という項目がありました。True/Falseの値で追試ならONに、追試がないならOFFに設定するものです。これは、その場でON/OFFを変更できると便利ですね。例えば、「成績表示」で表示された追試のトグルをクリックしてON/OFFできるようにするのです。

　こういう「クリックしてON/OFFする」という操作も、実は「Recordの更新」なのだ、ということに気づいていますか？　追試をON/OFFするというのは、つまり「成績表テーブルの追試の値だけを書き換える」ということなのです。

　こういう「その場でクリックして特定のレコードだけを更新する」という操作は、実はさまざまなところで使われます。皆さんがSNSなどでよくやっている「いいね」や「お気に入り」なども、内部では「いいねの値をTrueにする」というような処理を行っているはずです。こうした「ワンクリックで操作」という機能の多くは、「ワンクリックでレコードの項目を更新する」ということを行っているのです。

「追試」トグルのClickFlow

　では、「成績表示」ページにある「追試」のトグルを選択してください。そして、「ClickFlow」タブを選択しましょう。

図6-39：トグルには3種類のClickFlowが用意されている。

トグルには3つのClickFlowの項目が用意されています。それぞれ次のような役割を果たします。

アクティブ時の動作	トグルをONにしたときの処理です。
非アクティブ時の動作	トグルをOFFにしたときの処理です。
トグルアイコンをクリック時の動作	クリックしたときに常に呼ばれる処理です。

「トグル」エレメントをクリックしてON/OFFしたときに処理を実行するためのClickFlowが用意されていることがわかります。クリックしてONにするときには「アクティブ時の動作」が実行され、OFFにするときは「非アクティブ時の動作」が実行されます。また、「トグルアイコンをクリック時の動作」はONでもOFFでもクリックしたら常に実行されます。

これらのClickFlowを使って、レコードを更新する処理を行えばいいのです。

トグルをONにするClickFlowを作る

ClickFlowを作成しましょう。まずは、トグルをONにしたときの処理です。「ClickFlow」タブにある「アクティブ時の動作」内の「ClickFlowの追加」をクリックし、現れたメニューから「更新」内にある「Current 成績表」メニュー項目を選びます。

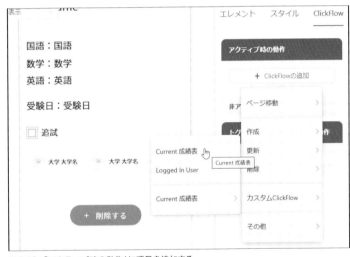

図6-40：「アクティブ時の動作」に項目を追加する。

「成績表更新」が追加される

これで、「アクティブ時の動作」に「成績表更新」という項目が追加されます。「データの選択」という項目では「Current 成績表」が選択されています。

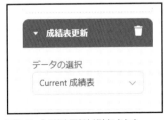

図6-41：「成績表更新」が追加された。

「追試」の値を変更する

　ここには「成績表」テーブルの項目がずらっと表示されます。ここで値を記入すれば、その項目の値が更新されます。何も記入しなければ、その項目は変わりません。更新したい項目の値だけを用意すればいいのです。

図6-42：「成績表更新」には、成績表テーブルの項目が表示される。

「追試」の値をTrueにする

　表示されている項目の中から「追試」という項目を探しましょう。追試の値はTrue/Falseです。この値はプルダウンメニューになっています。ここから「True」を選んでください。これで、トグルをアクティブにすると追試がTrueに更新される処理ができました！

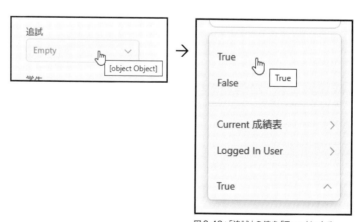

図6-43：「追試」の値を「True」にする。

非アクティブ時の操作を追加する

やり方がわかったら、「非アクティブ時の動作」も同様に作成しましょう。「ClickFlowの追加」から「更新」内の「Current 成績表」メニュー項目を選択します。

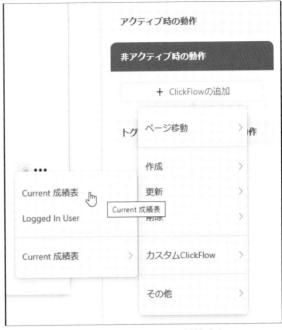

図6-44:「非アクティブ時の動作」にClickFlowを追加する。

ClickFlowの項目が作成されたら、「追試」の値を「False」に変更します。これで、トグルをOFFにしたら「追試」の値がFalseに変更されるようになります。

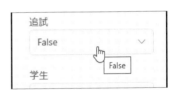

図6-45:「追試」の値を「False」に変更する。

動作を確認する

修正できたら、「プレビュー」で動作を確認しましょう。「成績表」ページのリストから項目をクリックして「成績表示」ページを開いてください。そして、「追試」の項目をクリックして変更しましょう。

「成績表」ページに戻り、再び同じ項目をクリックして開いてみてください。追試の値は変更した状態で表示されます。

図6-46:追試のトグルをON/OFFすると値が更新される。

統計関数を使う

　レコードの詳細を表示する際、プラスアルファの情報が付加できると便利な場合もあります。例えば成績表の詳細情報を表示するとき、各教科の平均点が表示できたらさらに便利ですね。

　Clickには基本的な統計関数（合計・平均・最小値・最大値）が用意されており、これらを利用して合計や平均を簡単に表示することができます。関数はカスタムテキストとして用意され、テキストを表示する際に関数を追加することで合計や平均などを表示できます。

　実際に試してみましょう。「成績表示」ページを開き、国語の点数を表示する「テキスト」エレメントを選択してください。「エレメント」タブの「テキスト」のところに「Current 成績表 > 国語」といったカスタムテキストのパーツが追加されていますね。ここに、平均を表示するカスタムテキストを追加することにしましょう。

図6-47：「国語」エレメントの「テキスト」の値。

統計関数のメニュー

　テキストの右上にあるカスタムテキストのアイコンをクリックし、メニューを呼び出してください。ポップアップして現れるメニューの「成績表」メニュー（ページで表示する「Current 成績表」レコードではありません。「成績表」テーブルを示すメニューのことです）にマウスポインタを移動し、さらにその中にある「国語」メニュー項目にマウスポインタを移動しましょう。するとそこに、「国語」列のデータを扱う関数がサブメニューとして現れます。用意されているのは次のようなものです。

Sum	合計
Average	平均
Minimum	最小値
Maximum	最大値
Min/Max	最小値と最大値

　これらのメニューを使うことで、「国語」列のデータの合計や平均などを簡単に表示することができます。

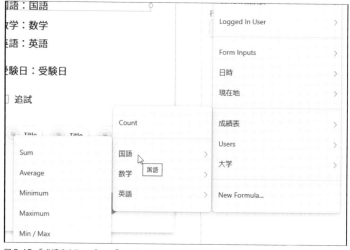

図6-48：「成績表」テーブルの「国語」内には国語のデータを使う関数が用意されている。

平均を追加する

「国語」内にある「Average」というサブメニューを選んでください。「All 成績表 > 国語 > Average」というカスタムテキストのパーツが追加されます。

図6-49：カスタムテキストのパーツが追加された。

数学・英語の平均を追加する

やり方がわかったら、同様にして数学と英語の平均も表示させましょう。それぞれ「All 成績表 > 数学 > Average」「All 成績表 > 英語 > Average」というカスタムテキストのパーツが追加されます。

図6-50：数学と英語にも平均を追加する。

表示を確認する

「プレビュー」で表示を確認しましょう。「成績表」ページのリストから項目をクリックして「成績表示」ページを開いてみてください。国語・数学・英語の平均が表示されます。

ただし実際に見てみると、小数点以下の桁まで細かく表示されてしまうでしょう。たしかに平均は表示できましたが、小数点以下は切り捨てるなどしないとかなり見づらくなってしまいますね。

図6-51：各教科の平均が表示される。ただし、小数点以下まで表示されてしまう。

計算式（Formula）を利用する

では、どうやって実数の値を整数の値にすればいいのか。このような場合に用いられるのが「Formula（計算式）」です。

Clickでは、カスタムテキストにFormulaによる計算式を作成して配置することができます。Chapter 3でちょっとだけ使いましたが、覚えていますか？ Formulaを使うことで、用意した式に従って値を計算し、その結果を表示させることができます。

この計算式は、カスタムテキストのメニューに「New Formula...」という項目として用意されています。これを選ぶと、計算式のパーツがカスタムテキストとして追加されます。後は、実行する式を記述するだけです。

図6-52：カスタムテキストのメニューにある「New Formula...」を選ぶと、計算式が追加される。

国語のテキストに計算式を追加する

「国語」の「テキスト」エレメントで計算式を利用してみましょう。先ほど追加した平均値（「All 成績表 > 国語 > Average」のカスタムテキスト）は削除して、カスタムテキストの「New Formula...」メニューで計算式のカスタムテキストを追加します。

図6-53：計算式を追加する。

計算式の設定

追加された「計算式の挿入」というカスタムテキストのパーツをクリックしてください。計算式の設定を行うパネルがプルダウンして現れます。ここにある「計算式を入力してください」というところに計算式を記述します。

その下には「表示形式を選択してください」という項目がありますが、これは値のフォーマットを指定するためのものです。通常の表示の他、カンマ区切りの表記、通貨、日付関係の表記などが用意されています。

図6-54：計算式の設定パネル。

計算式のカスタムテキスト

計算式はデータベースやインプット関係の値や四則演算の記号、そして用意されている関数を組み合わせて作成します。「計算式を入力してください」という入力フィールドの右上にカスタムテキストのアイコンが表示されていますね？　これをクリックすると、メニューがポップアップして現れます。ここから利用する値を選んで式を作成していきます。

図6-55：カスタムテキストのメニュー。ここから値を選んでいく。

INT 関数を入力する

カスタムテキストのメニューから、「関数」という項目にマウスポインタを移動してください。利用可能な関数がサブメニューで現れます。この中から「INT」という項目を選択します。

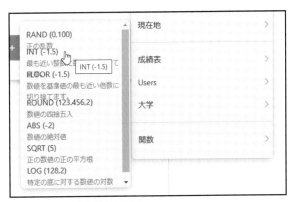

図6-56：メニューから「INT」を選ぶ。

INT 関数が書き出される

メニューが消え、関数を入力するフィールドに「INT(」と値が書き出されます。INT関数は「INT(○○)」というようにINTの後の()に値を用意すると、それを整数にします。計算式の関数は、基本的にすべてこのように「関数名の後の()に必要な値を用意する」という形で利用します。

この「INT(」の後に整数にする値を用意し、閉じるカッコ「)」を付
ければ、INT関数の呼び出しが完成する、というわけですね。

図6-57：フィールドに「INT(」と出力される。

国語の平均を追加する

「INT(」の後に国語の平均を追加しましょう。カスタムテキストのメニューから「成績表」内の「国語」内に
ある「Average」メニュー項目を選んでください。

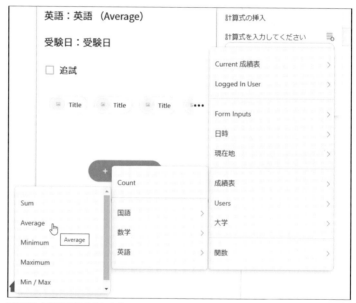

図6-58：国語の平均を追加する。

式を完成させる

これで、「INT(」の後に「All 成績表 > 国語 > Average」というカ
スタムテキストのパーツが追加されました。最後に閉じカッコの「)」
を追記して、計算式は完成です。

図6-59：計算式が完成した。

表示を確認する

　「プレビュー」を使って表示を確認しましょう。「成績表」ページのリストから適当にクリックして「成績表示」ページを開いてください。国語の平均は小数点以下がカットされ、整数の値として表示されるようになっています。

図6-60：国語の平均は整数で表示されるようになった。

数学・英語の計算式を作成する

　やり方がわかったら、同じようにして数学と英語の計算式も作成しましょう。簡単に手順を整理しておきます。

①追加した平均のカスタムテキストを削除する。

②計算式のパネルを開き、カスタムテキストのメニューから「関数」内の「INT」メニュー項目を選んで関数を追加する。

③カスタムテキストのメニューから「成績表」内の「数学」または「英語」内にある「Average」メニュー項目を選んでカスタムテキストを追加する。

④最後に閉じカッコ「)」を追加して式を完成させる。

図6-61：数学と英語にも計算式を追加する。

表示を確認する

　3教科とも式が完成したら、「プレビュー」で表示を確認しましょう。「成績表」ページのリストから項目を選んで「成績表示」ページを開くと、3教科の平均が小数点以下を切り捨てた形で表示されます。

図6-62：3教科とも平均が整数の値に変わった。

計算式で利用可能な関数

　計算式では、「関数」というメニューに便利な数値関数が用意されています。これらの使い方をまとめておきましょう。

RAND(最小値 , 最大値)

　正の乱数を得るものです。最小値と最大値を指定すると、その範囲内の乱数を得ます。値は実数なので、整数の乱数を得たい場合は下の関数 (INT など) で整数にします。

▼例

```
RAND(90,100)
```

INT(値)

　小数点以下を切り捨てて整数値を得ます。

▼例

```
INT(12.345)
```

FLOOR(値 , 基準値)

　基準値の倍数に切り捨てます。例えば基準値を2にすれば、偶数に切り捨てます。

▼例

```
FLOOT(12345, 5)
```

ROUND

　値を丸めるものです。5の場合、偶数値に丸めます。例えば、1.5や2.5は2になります。

▼例

```
ROUND(123.45)
```

ABS(値)

絶対値を得るものです。

▼例
```
ABS(-1)
```

SQRT(値)

平方根を得るものです。

▼例
```
SQRT(10)
```

LOG(値 , 底)

指定の底に対する対数を得るためのものです。

▼例
```
LOG(123, 2)
```

計算式は「四則演算」から！

　計算式は、覚えておくと数値のレコードからさまざまな値を生成できるようになります。ここではINT関数を使いました。INTは実数を整数にするのによく利用します。ただ、それ以外の関数については「今すぐ覚えないとダメ」というものではありません。必要になったら調べて使ってみる、という程度に考えておけばいいでしょう。

　それよりもはるかに重要なのは、「四則演算」です。計算式では、ページに持ち出したレコードの値を自由に使えます。これらの値と四則演算の記号（「＋」「-」「*」「/」といったもの）を組み合わせるだけで、けっこう便利な計算式が作れます。例えば、国語・数学・英語の値を＋で足せば3教科の合計が簡単に得られますし、それを3で割ってINTで整数にすれば3教科の平均が出せます。四則演算だけでもけっこう役立つ式は作れるのです。

　「関数を覚える」となると何だか難しそうですが、「足し算引き算が使える」というくらいなら誰でも利用できるでしょう。まずは四則演算を中心に計算式を使ってみてください。「カスタムテキストで計算できる」という利点が少しずつわかってくるはずですよ。

Chapter
6

6.3.
APIによる外部データベースの利用

外部サービスと連携する2つの手段

Clickでは、外部のWebサービスと連携して必要な情報などを取得し利用することができます。大きく、2つの手段が用意されています。

外部データベース	外部のWebサービスにアクセスしてデータを取得し、データベースとして利用します。データの取得だけでなく、RESTfulなAPIであればデータの追加や更新などを行うことも可能です。
カスタムClickFlow	外部APIにアクセスして情報を取得するClickFlowを定義します。これはClickFlowであるため、ボタンをクリックするなどした際に実行され、取得した値をエレメントの表示やレコードデータとして利用します。

いずれも、APIとして公開されているWebサービスを利用する点は同じです。外部データベースはAPIを利用して得られる情報をデータベースとして扱えるようにするものですので、そのままリストで表示したり、フォームで送信して作成や更新をしたりできます。カスタムClickFlowはあくまでClickFlowとしてボタンクリック時に実行するもので、実行して得られた値をClickFlowで処理していきます。

扱いが簡単なのは、外部データベースでしょう。設定してデータにアクセスできるようになれば、後は普通のデータベースと同じ感覚で利用できます。カスタムClickFlowはAPIのアクセス設定がわかりにくいですが、やり方さえわかればより柔軟にデータを扱えるようになるでしょう。

外部データベースとREST

まずは、設定さえできれば後は普通のデータベースと同じ感覚で使える「外部データベース」から説明しましょう。外部データベースは、指定したURLにアクセスしてデータを取得するなどの操作を行う機能です。したがって、アクセスするためには決まったURLでデータが公開されており、なおかつ定型フォーマットでデータが取り出せるようになっている必要があります。

Clickの場合、取得されるデータは「JSON」と呼ばれるフォーマットになっている必要があります。JSON（JavaScript Object Notation)は、JavaScriptで定義されるオブジェクトの表記法です。複雑なオブジェクトをテキストとして記述できるため、JavaScriptだけでなく「構造を持ったデータをテキストで記述するためのフォーマット」として広く利用されています。

外部データベースとして利用する場合、多数のデータがすべて決まった形式でフォーマットされていなければいけません。1つ1つのデータの形式が違っていたりすると取り出せないのです。したがって、外部データベースとして利用する際は「取得されるJSONのデータがすべて決まった形式で用意されているか」を確認しておく必要があります。

RESTについて

こうした、「決まったURLにアクセスしてJSONフォーマットでデータをやり取りできる」というWebサービスでは、「REST」(REpresentational State Transfer) という設計ルールに基づいて作られているWeb APIを利用することが多いでしょう。

RESTによるAPIは、通常のHTTPにより通信してデータのCRUD (Create, Read, Update, Delete) を行えるようにしています。アクセス時に使用するHTTPメソッドとURLに追加されるパラメータにより必要な情報を送信し、データの操作や取得を行えるようにします。

本格的に外部データベースを活用するなら、REST APIとして公開されているWebサービスを利用するのがいいでしょう。ただしRESTに対応していなくとも、JSONフォーマットでデータを取得できるならば、「データの取得のみ」に限って外部データベースとして利用することができます。データの追加や更新はできませんが、ただデータを取り出せるだけでも十分使えることが多いものですよ。

C O L U M N

HTTP メソッドとは?

ここで「HTTPメソッド」というものが出てきました。これは、Webコンテンツの送受を行うHTTPに用意されているものです。WebのアクセスはHTTPと呼ばれるプロトコルを使って行われています。このHTTPには、クライアント (Webブラウザなどアクセスする側) からサーバーへ送る要求の種類を伝えるものとして「メソッド」という値が用意されています。このメソッドにはGET、PUT、POST、DELETEといった種類があり、どのメソッドを使うかによってサーバーに「こういうことをしてほしい」ということが伝わるようになっています。通常、Webページにアクセスするときは、情報の取得を表す「GET」というメソッドが使われています。

COVID-19データを外部データベースとして使う

簡単な例として、「COVID-19 Japan 新型コロナウイルス対策ダッシュボード」というWebサイトで公開されているCOVID-19の感染状況データを外部データベースとして使ってみましょう。このWebサイトは以下のURLで公開されています。

https://www.stopcovid19.jp

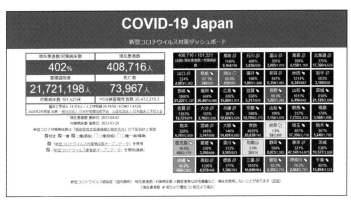

図6-63:COVID-19 JapanのWebサイト。

COVID-19のJSONデータについて

このサイトでは各種のフォーマットで感染状況のデータを公開しています。JSONフォーマットも用意されており、以下のURLで取得することができます。

https://www.stopcovid19.jp/data/covid19japan.json

公開されているJSONデータは、次のような形式をしています（例として、2023年4月2日のデータで確認します）。

```
{
  "srcurl_pdf":"https://www.mhlw.go.jp/content/10906000/001083409.pdf",
  "srcurl_web":"https://www.mhlw.go.jp/stf/newpage_32471.html",
  "description":"各都道府県の検査陽性者の状況……略……",
  "lastUpdate":"2023-04-02",
  "npatients":33472215,
  "nexits":21721198,
  "ndeaths":73967,
  "ncurrentpatients":408716,
  "ninspections":98323889,
  "nheavycurrentpatients":null,
  "nunknowns":null,
  "area":[
    {"name":"Hokkaido","name_jp":"北海道",
    "npatients":1341759,"ncurrentpatients":17360,
    "nexits":717238,"ndeaths":4559,
    "nheavycurrentpatients":5,"nunknowns":602602,
    "ninspections":3964610,"ISO3155-2":"JP-01"},
    ……都道府県データが続く……
}
```

JSONは、{}の中に「"キー":値」という形でデータを記述します。{}内には多数の項目が用意されているのがわかるでしょう。これらは、その日の全国の感染状況の値になります。

そして、その中の"area"というキーに、各都道府県のデータがまとめられています。この"area"の値は、このようになっています。

```
[ {……}, {……}, ……]
```

わかりますか？　[]の中に、さらに{}を使って各都道府県のデータがまとめられているのですね。この{}内に用意される項目は、すべての都道府県で同じものが用意されています。つまり、この"area"の部分が外部データベースとして利用できるデータなのです。

JSONデータを扱う場合は、このように「[]の中に決まった形式でデータが並んでいる」という形になっていなければいけません。このような形でデータが用意されていれば、外部データベースとして利用できます。

外部データベースを追加する

では、COVID感染状況データを外部データベースとして追加しましょう。今回は「サンプルアプリ2」を利用することにします。アプリを開き、「キャンバス」「データ」の切り替えボタンで「データ」をクリックしてデータベースの編集画面に切り替えてください。

左端には、データベースとして用意されているテーブルがリスト表示されています。その下に「外部データベース」という項目があり、そこに「外部データベースを追加」というボタンがあります。これを使って外部データベースを用意します。

図6-64：「外部データベースを追加」ボタンが用意されている。

General APIとRapid API

「外部データベースを追加」ボタンをクリックすると、画面にAPI登録のためのパネルが現れます。上部には「General API」「Rapid API」という切り替えタブがあり、登録するAPIの種類を切り替えるものです。

General API	一般的なAPIの登録を行うものです。アクセス先とCRUDの操作ごとにURLとパラメータを設定していきます。
Rapid API	Web APIを登録し簡単に利用できるようにするサービスです。アクセスが面倒なAPIも、Rapid APIを経由することで簡単にアクセスできます。

Rapid APIは登録すれば簡単に利用できるようになりますが、Rapid APIの使い方を覚える必要があります。単純にJSONデータを取得して利用するだけならGeneral APIでも難しくはないので、まずはそちらを使うことにしましょう。

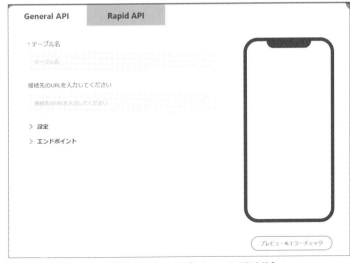

図6-65：外部データベースを追加のパネル。まずはGeneral APIを使う。

テーブル名とURLを入力する

「General API」の項目を入力しましょう。「テーブル名」には「COVID」と記入をしておきます。そして、「接続先のURLを入力してください」というところに以下のURLを記述します。

https://www.stopcovid19.jp/data/covid19japan.json

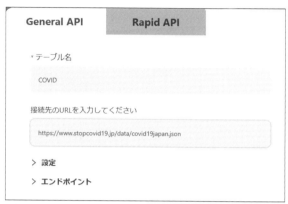

図6-66：テーブル名とURLを入力する。

エンドポイントを確認する

URLの入力を確認したら、「エンドポイント」というところをクリックして内容を展開表示してください。URLを入力すると、このエンドポイントに自動的に値が設定されます。

この「エンドポイント」というのは、データのさまざまな操作を行う際のベースとなる場所（URLと考えてください）のことです。ここに必要に応じてパラメータなどを追加してアクセスし、各種の操作を行うのですね。

ここには次のような項目が用意されています。

Get All	全データを取得します。
Get One	指定したIDのデータを取得します。
Create	新しいデータを追加します。
Update	指定したデータを更新します。
Delete	指定したデータを削除します。

これらはもちろん、Web API側で処理に対応していなければ使えません。また、自動設定されるURLはREST APIで一般的に使われているURLというだけであり、実際にそのAPIで指定したURLがそのまま使えるとは限りません。「基本的な設定を自動で行っておくから、後はそれぞれのAPIに合わせて修正して使ってね」ということなのです。

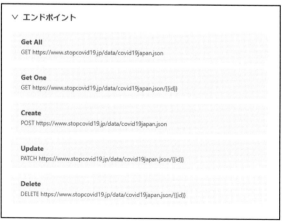

図6-67：エンドポイントが自動設定される。

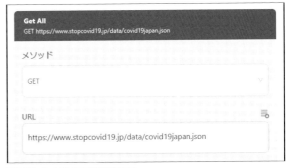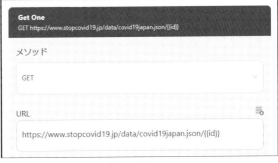

Get Allを確認する

これらの中で実際に使用するのは「Get All」というエンドポイントだけです。これをクリックして開いてみましょう。すると、「メソッド」と「URL」という値が表示されます。Get Allは、「GETというHTTPメソッドで指定のURLにアクセスすると全データが取得できる」ということを設定しているのですね。

図6-68：Get Allの内容を確認する。

Get Oneを開く

Get All以外のエンドポイントは、今回は使いません。そこで、設定を削除しておきましょう。まず、「Get One」という項目をクリックして開いてください。ここに指定したIDのデータを取得するためのエンドポイントの設定が用意されています。

図6-69：Get Oneのエンドポイント設定。

「URL」に書かれている値をすべて削除して「完了」ボタンをクリックしてください。Get Oneの表示が空の状態になります。

図6-70：Get OneのURLを削除する。

不要なエンドポイントを削除する

やり方がわかったら、それ以降の「Create」「Update」「Delete」についてもエンドポイントのURLを削除してください。これで「Get All」のエンドポイントだけが用意され、他がすべて削除された状態になります。

図6-71：Get All以外のエンドポイントをすべて削除する。

プレビューでチェックする

設定できたら、APIをテストしてみましょう。「プレビュー＆エラーチェック」というボタンがあるので、これをクリックしてください（図6-72）。Get Allで指定のURLにアクセスし、JSONデータを取得して上のプレビュー表示の部分に出力します。無事にJSONデータが表示されたら、正常にアクセスできています。

表示データを選択

「プレビュー＆エラーチェック」を実行して正常にアクセスができると、エンドポイントの下に「表示データを選択してください」という項目が追加されます。ここで、取得したJSONデータの中にあるデータの項目を選びます。

ここでは「area」という項目が1つだけ用意されているので、これを選んでください。これで、取得したJSONデータにある「area」という項目をデータベースとして設定しました。

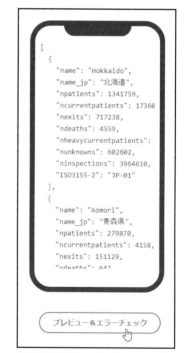

図6-72：「プレビュー＆エラーチェック」で
動作を確認する。

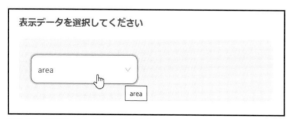

図6-73：表示データに「area」を指定する。

保存してCOVIDテーブルを作成する

データベースを追加しましょう。「保存」ボタンをクリックしてパネルを閉じてください。外部データベースのところに「COVID」というテーブルが追加されます。

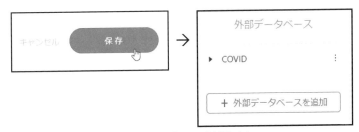

図6-74：「保存」ボタンで外部データベース「COVID」を追加する。

COVIDテーブルの内容

追加された「COVID」テーブルをクリックして内容を展開表示してください。けっこうたくさんの項目が用意されているのがわかるでしょう。これらがAPIから取得されるデータの内容です。

name	都道府県名（ローマ字）
name_jp	都道府県名（漢字表記）
npatients	陽性者数
ncurrentpatients	入院治療等を要する数
nexists	退院または療養解除となった数
ndeaths	死亡者数
nheavycurrentpatients	重症者数
nunknowns	確認中の数
ninspections	PCR検査実施人数
ISO3155-2	地域コード

ここから必要な値を取り出して利用すればいいわけですね。外部データベースのテーブルは通常のテーブルのように、レコードの内容などは表示されません。外部データベースは、実際にどのようなデータが用意されているのかはアクセスしてみないとわからないのです。

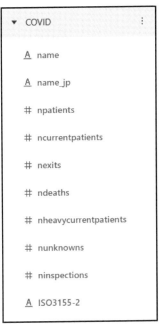

図6-75：COVIDテーブルに用意されている項目。

「COVID」ページを作る

では、作成したCOVIDテーブルの内容を表示するページを作りましょう。まず「ホーム」ページを開き、ボタンを1つ配置してください。名前とテキストは「COVID」と変更しておきましょう。

図6-76：「ホーム」にボタンを1つ配置する。

新しいページを作る

配置したボタンを選択し、「ClickFlow」タブを選択します。「ClickFlowの追加」をクリックしてメニューを呼び出し、「ページ移動」内の「新規ページ」メニューを選びます。

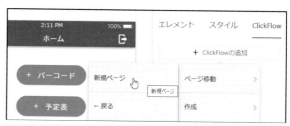

図6-77：「新規ページ」メニューを選ぶ。

ページを作成するためのパネルが現れます。名前を「COVID」とし、「白紙のページ」ラジオボタンを選択して「OK」ボタンをクリックし、新しいページを作ります。

図6-78：「COVID」という名前でページを作る。

トップを配置する

新しいページが作成された
ら、「トップ」エレメントを追加
しておきます。左アイコンの
ClickFlowで、「戻る」を追加し
ておくとよいでしょう。

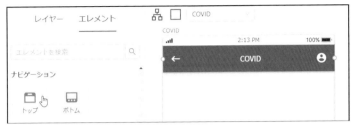

図6-79:「トップ」を配置する。

ベーシックでCOVIDデータを表示する

それでは、COVIDテーブル
のデータを表示させましょう。
今回は、「ベーシック」エレメン
トを使うことにします。「エレ
メント」タブの「アウトプット」
から「ベーシック」をページに配
置してください。

図6-80:ベーシックを配置する。

COVIDテーブルを設定する

配置したベーシックを選択
し、「エレメント」タブから「ベー
シック」設定項目をクリックし
て内容を表示します。そこにあ
る「データベースの選択」で、先
ほど作成した「COVID」テーブ
ルを選択します。外部データ
ベースも、このように通常の
データベースのテーブルと同様
に、リストに設定することがで
きます。

図6-81:ベーシックのデータベースに「COVID」を指定する。

死亡者数順に並び替える

　続いて、「ベーシック」設定項目に用意されている「並び替え」の値を「ndeaths High to Low」に変更します。これで、ndeathsの値が大きいものから順にソートして表示するようになります。

図6-82：並び替えを設定する。

タイトルを設定する

　リストの表示を設定していきましょう。まずは「タイトル」です。「エレメント」タブの「タイトル」をクリックして開き、「テキスト」の内容を消して、カスタムテキストのアイコンをクリックします。呼び出されたメニューから「Current COVID」内の「name_jp」メニュー項目を選択します。

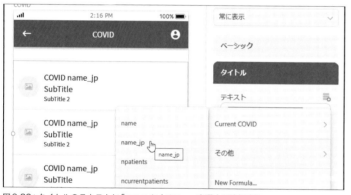 

図6-83：タイトルのテキストに「name_jp」メニューを選んで追加する。

サブタイトルを設定する

　同様に、サブタイトルのテキストを設定しましょう。ここでは、「Current COVID」の「name」を選択しておきます。

図6-84：サブタイトルに「name」を追加する。

サブタイトル2を設定する

「サブタイトル2」のテキストを設定します。ここでは「陽性者数：」とテキストを記入し、その後にカスタムテキストから「npatients」を追加しておきます。

図6-85：npatientsの値をサブタイトル2に追加する。

プレビューで表示を確認する

「プレビュー」を使って表示を確認しましょう。「ホーム」ページを開いたら、用意した「COVID」ボタンをクリックして移動します。

図6-86：ホームから「COVID」ボタンをクリックする。

リストにCOVIDデータが表示される

「COVID」ページに移動すると各都道府県の陽性者数データが、死亡者数の少ないものから順に表示されます。

今回はサンプルとして都道府県名と陽性者数だけを表示していますが、ここから例えば詳細情報のページに移動して詳しいデータを表示させることもできるでしょう。外部データベースであっても、使い勝手は通常のデータベースと何ら変わりがないことがわかりますね！

図6-87：都道府県のデータがリストに一覧表示される。

Chapter 6

6.4.

カスタムClickFlowによるAPIの利用

カスタムClickFlowで郵便番号検索を行う

続いて、もう1つのAPI利用の方法である「カスタムClickFlow」の利用について説明をしましょう。

カスタムClickFlowはその名の通り、独自にClickFlowを定義して利用するためのものです。作成は、外部データベースと同様にGeneral APIまたはRapid APIを使います。ただし、外部データベースのように取得したデータをまるごとリストなどに表示させることはできません。取得したデータはClickFlowを使ってデータベースに追加したり、他のエレメントに表示させたりして利用することになります。

では、実際に簡単な例を作りながら使い方を説明していきましょう。今回使うのは、郵便番号データ配信サービス「zipcloud」というものです。以下のURLで公開されています。

https://zipcloud.ibsnet.co.jp

zipcloudでは、日本郵便が公開する郵便番号データを再配信しています。併せて郵便番号検索APIを公開しており、郵便番号から住所を検索することができます。

図6-88：zipcloudのWebサイト。

新しいページを用意する

では、郵便番号検索に新し
いページを用意しましょう。ま
ず「ホーム」ページを開いてくだ
さい。ここにボタンを1つ配置し、
名前とテキストを「郵便番号」と
変更します。

図6-89：ボタンを1つ配置して「郵便番号」と変更する。

ClickFlowで新しいページを作る

「ClickFlow」タブを選択し、「ClickFlowの追加」で現れるメニューから「ページ移動」内の「新規ページ」
メニュー項目を選びます。現れたパネルで名前に「郵便番号検索」と入力し、「白紙のページ」ラジオボタン
を選択して「OK」ボタンをクリックして新しいページを作ります。

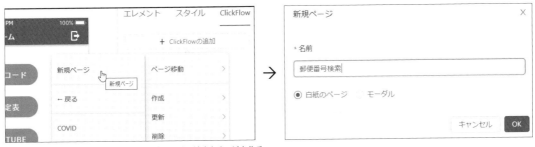

図6-90：「新規ページ」メニューを選び、「郵便番号検索」ページを作る。

「トップ」エレメントを追加

「エレメント」タブから「トッ
プ」エレメントをページに配置
します。タイトルは「郵便番号
検索」と設定されます。左アイ
コンには「戻る」のページ移動を
設定しておくとよいでしょう。

図6-91：トップを配置する。

入力用のインプットを追加する

郵便番号を入力するための「インプット」エレメントをページに追加します。名前は「郵便番号」としておきましょう。

図6-92：インプットを1つ配置し、「郵便番号」と名前を設定する。

表示用インプットを3つ追加する

続いて、APIで取得した値を表示するためのインプットを用意しましょう。全部で3つ用意します。それぞれ名前を「住所1」「住所2」「住所3」と設定しておきます。

図6-93：インプットを3つ追加し、名前を「住所1」「住所2」「住所3」とする。

検索用ボタンを用意する

検索を実行するためのボタンを配置しましょう。名前とテキストは「検索」と変更しておきます。

図6-94：「検索」ボタンを作成する。

カスタムClickFlowを作成する

ボタンにカスタムClickFlowを設定しましょう。まずカスタムClickFlowを作成し、それから改めて作成したClickFlowをボタンに割り当てる、という手順になります。

「ClickFlow」タブを選択し、「ClickFlowの追加」をクリックしてメニューを呼び出してください。そこから、「カスタムClickFlow」内にある「新カスタムClickFlow」メニュー項目を選択します。

図6-95：「新カスタムClickFlow」メニューを選ぶ。

API設定のパネルが開かれる

画面に、APIの設定を行うためのパネルが現れます。上部には「General API」「Rapid API」と表示を切り替えるリンクが表示され、それぞれの設定内容がパネルに表示されます。基本的な内容は、外部データベースで行ったものとだいたい同じです。

図6-96：APIの設定をするパネルが現れる。

名前とURLを入力する

では、順に入力していきましょう。まずは、名前とURLです。これらはそれぞれ、次のように入力してください。

名前	郵便番号検索
URL	https://zipcloud.ibsnet.co.jp/api/search

その下に見える「種類」という
項目は、使用するHTTPメソッ
ドを選ぶところです。ここでは
「GET」を選択しておいてくだ
さい。

図6-97：名前とURLを入力し、「GET」を選ぶ。

設定を追加する

「種類」の下にある「設定」と
いう項目をクリックし、内容を
展開表示してください。これは、
アクセスの際に送る各種の設定
情報を用意するところです。こ
こにある「＋」ボタンをクリッ
クして新しい設定項目を用意し
てください。

図6-98：「＋」で設定を新たに追加する。

zipcodeパラメータを追加する

ここでは、郵便番号の値を付加する「zipcode」というパラメータを用意します。それぞれ次のように入
力を行ってください。

Type	Param
Name	zipcode
Value	1000001

これは、「zipcodeというパラメータに1000001という値を設定してアクセス時に送信する」という働き
をします。zipcodeというパラメータは、検索する郵便番号の値を送るためのものです。サンプルとして、
1000001という番号を送信してみます。

記入したら、「保存」ボタンで保存をしてください。

設定
入力データを挿入してください
zipcode
Type
Param
Name
zipcode
Value
1000001
保存

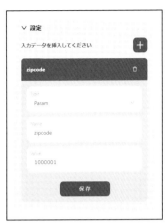

図6-99：zipcodeというパラメータを用意する。

テストを行う

以上で、基本的な設定はできました。実際に動くかテストしましょう。パネル下部の「テスト」というボタンをクリックしてください。これで、設定した内容で実際にアクセスし、正常にデータが取得できるかテストします。

テスト
作成

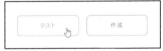

図6-100：「テスト」ボタンでテストを実行する。

応答データを確認する

アクセスが実行され、新たなパネルが開かれてそこにAPIから送られてきた情報が表示されます。JSONフォーマットの中にresultという項目が用意され、そこに住所の情報が表示されていればテスト成功です。住所が得られていない場合はアクセスに失敗しています。ここまでの設定をよく見直してください。

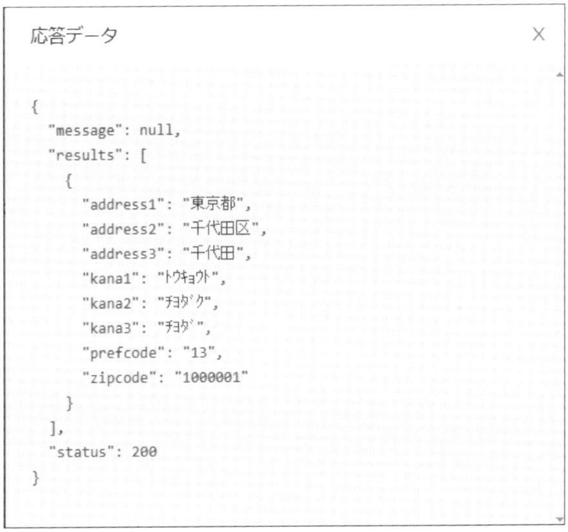

応答データ
{
"message": null,
"results": [
{
"address1": "東京都",
"address2": "千代田区",
"address3": "千代田",
"kana1": "ﾄｳｷｮｳﾄ",
"kana2": "ﾁﾖﾀﾞｸ",
"kana3": "ﾁﾖﾀﾞ",
"prefcode": "13",
"zipcode": "1000001"
}
],
"status": 200
}

図6-101：APIから送られてきた結果が表示される。

変数を使ってパラメータを送信する

　これで無事にAPIにアクセスして結果を受け取れることが確認できました。けれど、作成したzipcodeパラメータでは1000001という値を直接設定していました。これでは自由に番号を設定して検索することができません。そこで、「変数」を作成して利用することにします。

　変数は値を保管しておく入れ物のようなものです。変数を作ってパラメータに設定することで、変数に入れた値がパラメータに設定できるようになります。

　では、「変数の追加」というところにある項目に次のような値を入力しましょう。

種類	Text
名前	郵便番号
試験値	1000001

　これで「保存」ボタンをクリックすると、「郵便番号」という変数が作成されます。

図6-102：「郵便番号」という変数を作成する。

zipcodeで変数を利用する

　変数をパラメータに追加しましょう。「設定」に追加された「zipcode」の項目をクリックして内容を表示してください。

 →

図6-103：zipcodeの内容を表示させる。

zipcode の Value を変数にする

「Value」のところにある値を消去し、右端にあるカスタムテキストアイコンをクリックしてください。ここに、作成した変数がメニュー項目として表示されます。「郵便番号」メニュー項目を選んで、Value に変数を追加してください。

図6-104：zipcode の Value に「郵便番号」変数を追加する。

テストを実行しよう

zipcode の修正ができました。再び「テスト」ボタンをクリックし、テストを実行しましょう。先ほどと同様に結果が表示されれば OK です。

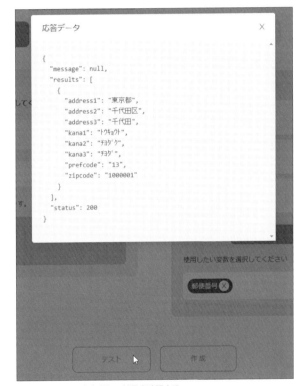

図6-105：テストを実行し、結果を確認する。

カスタム ClickFlow を作成する

これで設定は完了です。パネルにある「作成」ボタンをクリックしてください。パネルが消え、カスタム ClickFlow が作成されます。

図6-106：「作成」ボタンでカスタム Click Flow を作成する。

「郵便番号検索」ClickFlowを利用する

作成した郵便番号検索のカスタムClickFlowを使ってみましょう。ページに配置したボタンを選択し、「ClickFlow」タブの「ClickFlowの追加」をクリックします。画面にメニューが現れたら、「カスタムClickFlow」のところにマウスポインタを移動してください。サブメニューに「郵便番号検索」という項目が追加表示されます。これを選んでください。

図6-107：「ClickFlowの追加」のメニューから「郵便番号検索」を選ぶ。

郵便番号検索の設定

これで、「郵便番号検索」のClickFlowが追加されます。これをクリックして内容を表示してください。その中に「郵便番号」という項目が1つ用意されているのがわかります。これは、先にGeneral APIで郵便番号検索の設定を作成した際に用意した「変数」です。カスタムClickFlowのパネルで用意された変数はこのように設定項目として表示され、値を入力できるようになっているのですね。

ここで入力した値が郵便番号検索の「郵便番号」変数に設定され、APIアクセスが実行されるようになるのです。

図6-108：「郵便番号」という項目が用意されている。

郵便番号を設定する

「郵便番号」の項目に値を入力しましょう。この項目の右側にあるカスタムテキストのアイコンをクリックし、現れたメニューから「Form Inputs」内にある「郵便番号」メニュー項目を選んでください。これで、「郵便番号」のインプットに入力された値が変数に設定されるようになりました。

図6-109：「Form Inputs」内の「郵便番号」を選ぶ。

「エレメントの値変更」ClickFlowを追加

続いて、「ClickFlowの追加」のメニューから「その他」内にある「エレメントの値変更」メニュー項目を選択してください。これで、インプットに値を設定します。

図6-110：「エレメントの値変更」を追加する。

インプットと値を設定

追加した「エレメントの値変更」をクリックして開き、そこにある「インプット」をクリックして「住所1」メニュー項目を選びます。続いて「値」をクリックし、現れたメニューから「郵便番号検索」内の「results.address1」メニュー項目を選びます。

このメニューに表示された「郵便番号検索」という項目は、その前の「郵便番号検索」ClickFlowでAPIから取得した結果のデータが保管されています。受け取るデータはJSONフォーマットで多数の項目が用意されているので、それらがサブメニューとして表示されていたのです。ここで選んだ「results.address1」は、住所の最初の項目の値です。

図6-111：インプットと値をそれぞれ設定する。

さらに2つの「エレメントの値変更」を追加

　APIから受け取ったデータには住所の情報が3つあります。都道府県、市区町村、それ以降の3つです。1つ目を「住所1」に設定しましたから、残る2つもインプットに設定しましょう。

　「住所2」のインプットには、「results.address2」を値に選択します。「住所3」のインプットの値は、「results.address3」にします。これで、3つの住所の値がそれぞれインプットに設定されました。

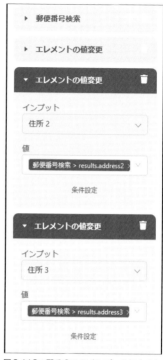

図6-112：残る2つのインプットにもそれぞれ値を設定する。

動作を確認する

　「プレビュー」で動作を確認しましょう。「ホーム」ページを開いたら、追加した「郵便番号」ボタンをクリックしてページを移動します。

図6-113：「ホーム」の「郵便番号」ボタンをクリックする。

郵便番号を検索する

「郵便番号検索」のページに移動したら、郵便番号を入力するインプットに番号を入力します。「検索」ボタンをクリックするとAPIにアクセスし、取得した結果（住所）を3つのインプットに出力します。問題なく住所が表示されたら、APIへのアクセスは正常に機能しています。

いろいろな番号を入力して結果を確認しましょう。

図6-114：郵便番号を入力し「検索」ボタンをクリックすると、その住所が表示される。

Rapid APIを利用する

これで、外部データベースとカスタムClickFlowによるAPI利用についてだいたいの使い方がわかりました。ここでのサンプルは、すべてGeneral APIを利用していました。しかしClickでは、Rapid APIというものも使うことができます。最後に、Rapid APIについても触れておきましょう。

Rapid APIは、Web APIを登録して自分のアプリなどから簡単に利用できるようにするWebサービスです。アプリ作成が行えるだけでなく、多数のAPIを利用するアプリが公開されており、それらを使うことで簡単にAPIを使えます。

Rapid APIは以下のURLで公開されています。

https://rapidapi.com/

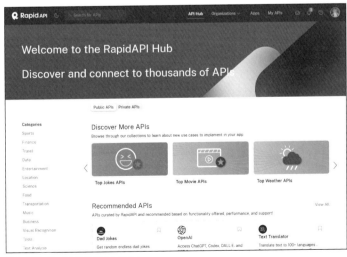

図6-115：Rapid AIPのWebサイト。

Rapid APIにサインアップする

Rapid APIを利用するためには、サイトにサインアップする必要
があります。ページ右上に見える「Sign Up」というボタンをクリッ
クしてください。

図6-116:「Sign Up」ボタンをクリックする。

ソーシャルアカウントを選択する

アカウントの登録を行う画
面が現れます。名前・メールア
ドレス・パスワードなどを入力
して登録することもできます
が、Rapid APIで はGoogleや
Github、Facebookのアカウン
トを利用してサインインするこ
ともできます。これらのアカウ
ントを利用する場合は、ページ
左上に見えるソーシャルアカウ
ントのボタンをクリックします。

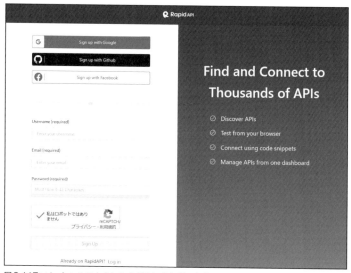

図6-117：ソーシャルアカウントのボタンをクリックする。

アカウントを選択する画面が現れるので、
使用するアカウントを選んでください。これ
で、指定のアカウントによるサインインが実
行されます。

図6-118：これはGoogleアカウントの選択画面。サインインに使うアカウ
ントを選択する。

個人情報の入力

　利用者に関する情報を入力する画面が現れます。ここで利用者名に開発経験、Rapid APIの利用目的などの情報を入力します。すべて選択し、「Submit」ボタンをクリックすればアカウントの登録作業が完了し、すぐにRapid APIが使えるようになります。

図6-119：名前と利用目的などを入力する。

Google Translate を利用する

　では、Google翻訳によるAPIを利用しましょう。Rapid APIのページ上部に検索のフィールドがあります。そこに「translate」と入力してください。主なAPIがプルダウンメニューで現れます。一番下に「View all results」というメニュー項目があり、これを選ぶとすべての検索結果が表示されます。

図6-120：「translate」で検索を行う。

すべての検索結果を表示する

「View all results」メニューを選んでください。translateを含むAPIが一覧表示されます。この中から使いたいものを探します。ここでは「Google Translate」という項目を探してクリックしてください。

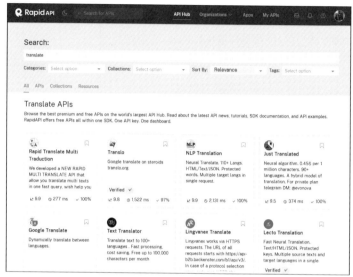

図6-121：検索結果。APIの一覧が表示される。

Google Translateのページ

Google Translateのページが開かれます。このページは上部にAPI名や各種のリンクがあり、その下には3つに分割された表示があります。

一番左側のエリアには「POST dect」「GET languages」「POST translate」といった項目が見えるでしょう。これが、用意されているエンドポイント（各種機能の入口となるところ）です。ここから使いたい項目を選択すると、その右側にエンドポイントの詳細情報が表示されます。

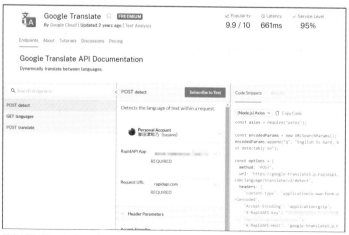

図6-122：Google Translateの画面。

「POST translate」を選択する

　左側のリストから「POST translate」という項目をクリックして選択しましょう。これが、翻訳を実行するためのエンドポイントになります。

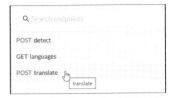

図6-123：「POST translate」を選択する。

Code snippetを選択する

　POST translateの右側（画面中央）にAPI利用の細かな情報が表示され、さらに右側には各種プログラミング言語で利用する際のサンプルコードが表示されます。

　この上部にある、言語を選択するメニューの「Node.js」という項目のサブメニューから「Unirest」というメニュー項目を選んでください。これが、ClickのRapid APIで対応しているコードのフォーマットです。

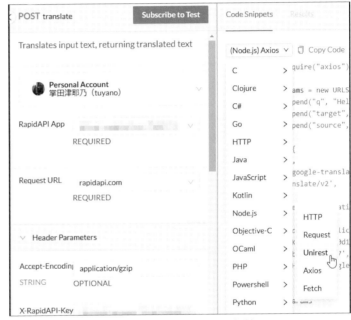

図6-124：使用言語から「Node.js」の「Unirest」という項目を選ぶ。

コードをコピーする

　メニューの右側にある「Copy Code」をクリックすると、表示されているコードがコピーされます。そのままどこか他の場所にコードをペーストして保管してください。後で利用することになります。

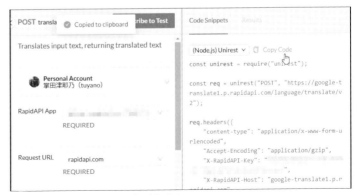

図6-125：Copy Codeでコードをコピーする。

料金プランを選択する

最後に、このAPIを利用する料金プランを選択します。上に見える「Price」というリンクをクリックしてください。料金プランのリストが表示されます。とりあえず、「Basic」というプランで使いましょう。これは無料で使えるプランで、月当たり500アクセスまで無料で使えます。この項目の「Subscribe」ボタンをクリックするとプランを開始し、APIが利用できるようになります。

図6-126：料金プランを選ぶ。

「翻訳」ページを作る

Click側の作業に戻りましょう。まずは、APIを利用するためのページを作成しましょう。「ホーム」ページを開き、ここにボタンを1つ配置してください。名前とテキストは「翻訳」に変更しておきます。

図6-127：ボタンを1つ配置し、「翻訳」と変更する。

ClickFlowを選択する

「ClickFlow」タブを選択し、「ClickFlowの追加」のメニューから「ページ移動」内の「新規ページ」メニュー項目を選択します。現れたパネルで名前を「翻訳」とし、「白紙のページ」を選択してOKしましょう。

図6-128：「新規ページ」メニューを選ぶ。

「トップ」を配置する

新しいページができたら、「トップ」エレメントを1つ配置しておきます。そして、左アイコンに「戻る」ClickFlowを追加しておきましょう。

図6-129:「トップ」を1つ配置する。

入力用インプットを用意する

作成されたページに必要なエレメントを追加していきましょう。まずは、入力関係からです。「インプット」エレメントを1つ配置し、名前を「入力」と変更します。

図6-130:インプットを配置し、「入力」と名前を設定する。

出力用インプットを用意する

同様に、もう1つインプットを作成しましょう。こちらは名前を「結果」と変更しておきます。このインプットは、APIから返された値を表示するためのものです。

図6-131:インプットを配置し、「結果」と名前を変更する。

ボタンを配置する

翻訳を実行するためのボタンを1つ配置します。名前とテキストは「翻訳」としておきましょう。

図6-132：「翻訳」ボタンを作成する。

Rapid APIによるカスタムClickFlowの作成

では、「翻訳」ページでRapid APIを利用したカスタムClickFlowを作成し、利用しましょう。配置したボタンを選択して「ClickFlow」タブを選択し、「ClickFlowの追加」のメニューから「その他」にある「新カスタムClickFlow」メニュー項目を選んでください。

図6-133：「新カスタムClickFlow」メニューを選ぶ。

Rapid APIの設定パネルを表示する

画面にAPIの設定を行うパネルが現れます。この上部に見える「Rapid API」をクリックして表示を切り替えてください。Rapid APIのための設定項目が表示されます。

図6-134：「Rapid API」に表示を切り替える。

名前とコードを入力する

では、入力しましょう。「名前」のところに「翻訳」と記入してください。その下の「コードをコピー＆ペーストしてください」と表示された入力フィールドに、先ほどRapid APIの「Google Translate」のところでコピーしておいたコードをペーストしてください。コードを解析して自動的に設定が行われます。

図6-135：名前を入力し、コードをペーストする。

変数を追加する

翻訳するテキストを渡すために、変数を1つ作成しておきます。「変数の追加」のところで次のように項目を入力し、「保存」ボタンで変数を作ってください。

種類	Text
名前	元のテキスト
試験値	Hello world!

図6-136：変数を1つ作成する。

INPUTデータを修正する

「INPUTデータ」という欄に記述されているコードを修正します。次のように内容を書き換えてください。

```
{
  "q": "【元のテキスト】",
  "target": "ja",
  "source": "en"
}
```

【元のテキスト】のところには、右側に見えるカスタムテキストのアイコンから「元のテキスト」メニューを選んでカスタムテキストを挿入します。ここではtargetに「ja（日本語）」を、sourceに「en（英語）」を指定し、英語から日本語に翻訳をさせています。

INPUTデータ

コードを編集します。　　　　　　　　元のテキスト

```
{
  "q": " 元のテキスト ",
  "target": "ja",
  "source": "en"
}
```

図6-137：INPUTデータを修正する。

テストを実行する

これでAPIの設定は完了です。「テスト」ボタンをクリックし、テストを実行しましょう。日本語に翻訳した結果がJSONフォーマットで表示されればOKです。APIは正常に働いています。

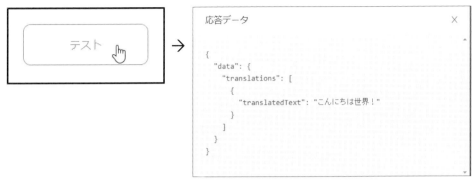

図6-138：「テスト」ボタンでテストを実行し、結果を確認する。

カスタムClickFlowを作成する

テストが問題なければ、作業は完了です。「作成」ボタンをクリックしてカスタムClickFlowを保存してください。パネルが消え、「翻訳」カスタムClickFlowが使えるようになります。

図6-139：「作成」ボタンをクリックする。

カスタムClickFlowを利用する

作成した「翻訳」カスタムClickFlowを使ってみましょう。ページに配置したボタンを選択し、「ClickFlow」タブを選択します。「ClickFlowの追加」のメニューから、「カスタムClickFlow」内にある「翻訳」メニュー項目を選択してください。

図6-140：「ClickFlowの追加」から「翻訳」メニューを選ぶ。

「翻訳」の設定

追加された「翻訳」ClickFlowをクリックして内容を表示してください。そこには「元のテキスト」という設定項目があります。この項目のカスタムテキストアイコンから「Form Inputs」にある「入力」メニューを選んでカスタムテキストを追加してください。

図6-141：「入力」カスタムテキストを追加する。

エレメントの値変更

翻訳した結果をインプットに表示します。「ClickFlowの追加」をクリックし、メニューから「その他」内にある「エレメントの値変更」メニュー項目を選びます。

図6-142：「エレメントの値変更」メニューを選ぶ。

「エレメントの値変更」を設定する

追加された「エレメントの値変更」をクリックして内容を表示し、「インプット」の値を「結果」に変更します。さらに「値」のカスタムテキストアイコンをクリックし、「翻訳」内にある「data.translations.translatedText」を選択します。

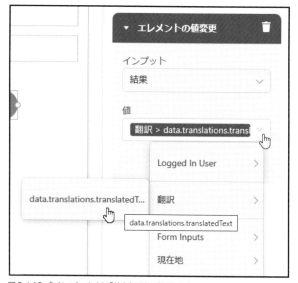

図6-143：「インプット」と「値」をそれぞれ設定する。

動作を確認する

　これで、翻訳の処理は完成しました。「プレビュー」を使って動作を確認しましょう。「ホーム」が現れたら、追加した「翻訳」ボタンをクリックして移動してください。

図6-144：「翻訳」ボタンをクリックする。

「翻訳」ページが表示される

　「翻訳」ページが現れます。ここで「入力」のインプットに英文を入力し、ボタンをクリックすると翻訳が実行されます。

図6-145：「翻訳」ページ。2つのインプットとボタンからなる。

翻訳させよう

　「入力」のインプットに適当に英文を入力し、「翻訳」ボタンをクリックしてください。Rapid APIにアクセスし、翻訳した結果が表示されます。いろいろとテキストを変更して翻訳結果を確認しましょう。

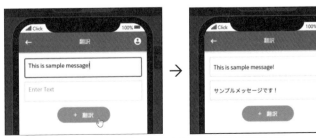

図6-146：英文を記入してボタンをクリックすると、日本語訳が表示される。

APIはアイデア次第！

外部のAPIを利用することで、さまざまなデータを取り込み使えるようになることがわかったことでしょう。基本的な使い方さえわかれば、APIの利用は決して難しいものではありません。特にRapid APIはコードをコピー&ペーストするだけで使えるようになるため、スピーディにAPIを設定できます。

APIの利用は「使えるかどうか」ではなく、「何をどう利用するのがいいか」が重要です。どのようなAPIを使いたいのか、それをどう利用するのか。これをよく考えてください。

また、どのようなAPIでも使えるようになるわけではない、ということも理解しましょう。APIの中にはJSONではなくXMLでデータを返すものもあれば、外部からのアクセスができないようにしているものもあります。APIとして公開されているからといって、何でもすべて使えるとは限りません。「そのAPIはどのような形で公開されているのか。利用条件はどうなっているか」といったことをよく確認した上で使うようにしてください。

Chapter 7

アプリ開発の実際

最後に、実際にある程度使えるアプリを作ってみて、
「アプリ開発」の世界を体験することにしましょう。
ここで作るのは「メッセージ投稿」アプリと「サンプルショップ」アプリです。
実際に作ってみてアプリ作りの楽しさ、奥深さをぜひ感じてください。

<table>
<tr><td>Chapter
7</td><td>7.1.
....
メッセージ投稿アプリ</td></tr>
</table>

メッセージ投稿アプリについて

　ここまで、Clickの基本的な機能について一通り説明をしてきました。すでに皆さんは、Clickでアプリ開発を行えるだけの知識を身につけているはずです。「でも、実際にどうやって作ればいいのか、よくわからないよ」という人。それは、実際にアプリを作っていないからですよ。

　Clickの機能そのものは決して難しいものではありません。後は、「何をどういう順に作っていけばアプリができるか」を実際に体験しながら覚えていけばいいのです。実際にアプリを作ってみれば、「なるほど、最初にこういうことを考えたほうがいいのか」「まずこの部分を作って、それから関連するページを作ればいいんだな」といったことが次第にわかってきます。

　では、実際にアプリを作成してみましょう。まずは、大勢がさまざまなデータを作成し、いくつものテーブルが連携しながら動いていくアプリの例として「メッセージ投稿」アプリを作ってみましょう。本書の最初に、「ツアーアプリ」というもので簡単なメッセージを投稿するアプリを動かしましたね。あれの完成形と考えてください。

　メッセージ投稿アプリはメッセージを投稿し、それに「いいね」したり、コメントを付けたりできるシンプルなアプリです。起動すると、まず最初にアカウントの登録ページが現れます（図7-1）。ここで登録し、ログインすればアプリが表示されます。

図7-1：起動すると、まずアカウントの登録画面になる。

「ホーム」ページで投稿を見る

　アプリの「ホーム」には、みんなの投稿が新しいものから順にリスト表示されます（図7-2）。各投稿にはメッセージと写真、そして投稿者の名前が表示されます。また、右上にあるアイコンは「いいね」のアイコンです。「この投稿、いいな」と思ったら、アイコンをクリックすると「いいね」します。

図7-2：投稿されたメッセージがリスト表示される。

投稿フォームを開く

右上にある投稿のアイコン（2つあるアイコンの左側）をクリックすると、投稿フォームが開かれます。イメージを設定する「写真の選択」部分をクリックするとPCなどではイメージファイルを選択でき、スマートフォンではカメラが起動してその場で撮影できます。

フォームに入力して「投稿する」ボタンをクリックすれば、メッセージを投稿できます。

図7-3：投稿フォームから写真を撮影し、投稿する。

投稿内容の表示

「ホーム」に表示される投稿リストから見たい項目をクリックすると「投稿内容」ページが開かれ、投稿したメッセージと写真の他、投稿した日時や投稿者のメールアドレス、そして投稿に寄せられたコメントの一覧リストが表示されます。

図7-4：投稿内容のページではコメントも表示される。

コメントを投稿する

投稿に表示されている写真をクリックすると、コメントを投稿するダイアログが現れます。ここでテキストを書いてOKすれば、コメントを投稿できます。

図7-5：コメントを投稿する。

「いいね」の利用

　「ホーム」の投稿リストに用意されている「いいね」アイコンは、ク
リックして「いいね」することで、それらの投稿だけをまとめてみる
ことができます。

　「ホーム」ページの左上にある「いいね」アイコンをクリックすると
「お気に入り」ページに移動し、「いいね」した投稿だけが一覧表示さ
れます。ここから投稿をクリックすれば、投稿内容を見ることもで
きます。

図7-6:「いいね」した投稿だけを一覧表示で
きる。

新しいアプリを作る

　では、アプリを作成していきましょう。まずはClickのホームから「新しいアプリを作ろう」のリンクをク
リックするか、あるいは編集画面の左上に見えるアプリ名のメニューから「新規アプリを作成」を選んで新
しいアプリを作りましょう。作成するプロジェクトは「本番用」にしておきます。そして、アプリ名に「メッ
セージ投稿」と設定しておきましょう。

図7-7:「新しいアプリを作ろう」リンクか、「新規アプリを作成」メニューで新しいアプリを作る。

データベースを設計する

　アプリの編集画面が現れたら、「キャンバス」「データ」の切り替えから「データ」を選択し、データベース
の編集画面を表示してください。

　アプリを作成する場合、まず最初に行うべきは「データベース設計」です。アプリでどのようなデータを
保管する必要があるかを考え、必要なテーブルを設計し、それらをどのように連携するかを考えます。この
「データベース設計」の部分がきちんとできればアプリの半分はできた、といっても過言ではないでしょう。

　ここでは次のようなテーブルを作成することにします。

「Users」テーブル

　投稿者のアカウントは、デフォルトで用意されている「Users」テーブルをそのまま使います。このUsers
と他のテーブルを連携して、誰がどの投稿をしたかがわかるようにしていきます。

「投稿」テーブル

投稿された情報を管理するものです。メッセージや写真などの他、投稿したユーザや「いいね」の情報も必要です。

「コメント」テーブル

コメントを管理するものです。関係する投稿やコメントした投稿者の情報も保管されます。

この3つのテーブルをどのように連携していくか、をよく考えながら設計する必要があるでしょう。

「投稿」テーブルを作る

テーブルを作成していきましょう。まずは「投稿」テーブルからです。ページ左側のテーブルの一覧リストにある「テーブルを追加」ボタンをクリックし、「投稿」という名前でテーブルを作成しましょう。

図7-8：「投稿」という名前でテーブルを作成する。

Nameの名前を変更する

テーブルを作成すると、デフォルトで「Name」という項目が用意されます。この項目をクリックして編集パネルを呼び出し、「メッセージ」と変更しましょう。

図7-9：デフォルトのName項目を「メッセージ」に変更する。

「写真」項目を追加する

　テーブルに項目を追加していきましょう。まずは写真の保管用の項目からです。「項目を追加」ボタンから「画像」メニューを選び、現れたパネルで名前を「写真」と入力してOKしてください。

図7-10：「写真」項目を作成する。

「投稿者」項目を作る

　続いて、投稿者の情報を「Users」テーブルから得るようにしましょう。「項目を追加」ボタンをクリックし、「データの紐付け」内にある「Users」メニューを選びます。

図7-11：「データの紐付け」から「Users」を選ぶ。

タイプと名前を指定

　連携に関する設定を行います。タイプは、一番上にある「Usersは複数の投稿sを所有します。投稿は1つのUserにしか属しません。」という項目を選んでください。これで、各投稿に1つのUsersレコードが割り当てられます。

　項目の名前は「投稿者」としておきましょう。

図7-12：連携のタイプと項目の名前を指定する。

「いいね」項目を作る

　続いてもう1つ、Usersテーブルとの連携を作ります。こちらは「いいね」の情報になります。「項目を追加」ボタンから「データの紐付け」内の「Users」メニューを選んでください。

　設定を行うパネルでは、タイプとして一番下にある「投稿は複数のUsersを保有します。Userは複数の投稿sを保有します。」という項目を選択します。これで、各項目に複数のUsersを関連付けられるようになります。項目の名前は「いいね」にしておきます。

図7-13：「いいね」のテーブル連携を設定する。

「投稿」テーブルの完成

以上で「投稿」テーブルが完成しました。作成した項目をよく確認してください。「メッセージ」「写真」「投稿者」「いいね」の4項目が用意されていればOKです。

図7-14：完成した「投稿」テーブル。

「コメント」テーブルを作る

続いて、コメントを管理するテーブルを作成します。「テーブルを追加」ボタンをクリックし、現れたパネルで名前を「コメント」と入力してテーブルを作成しましょう。

図7-15：「コメント」という名前でテーブルを追加する。

Nameを「コメント」に変更する

作成されたテーブルを開き、デフォルトで用意されている「Name」をクリックして編集パネルを呼び出しましょう。そして、名前を「コメント」に変更しておきます。

図7-16：Nameの名前を「コメント」に変更する。

「投稿」項目を作る

どの投稿のコメントかを示す項目を用意しましょう。「項目を追加」ボタンから「データの紐付け」内にある「投稿」メニュー項目を選びます。

図7-17：「データの紐付け」から「投稿」を選ぶ。

タイプと名前を指定

現れたパネルで、タイプを一番上にある「投稿は複数のコメントsを保有します。コメントは1つの投稿にしか属しません。」を選択します。項目の名前は「投稿」としておきます。

図7-18：テーブルのタイプと名前を指定する。

「投稿者」項目を作る

コメントを投稿したユーザを示す項目を用意します。「項目を追加」ボタンから「データの紐付け」内の「Users」メニュー項目を選びます。

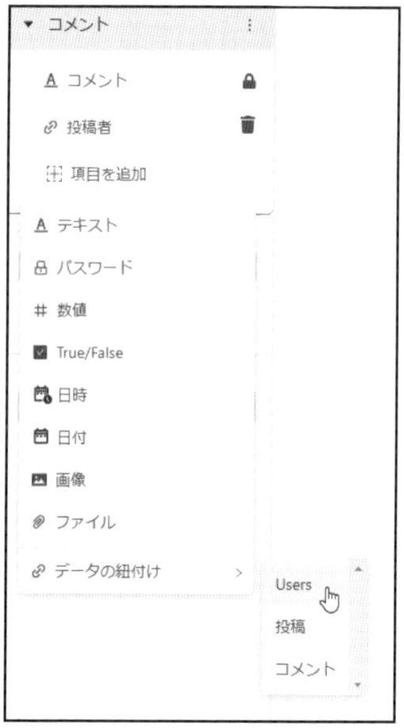

タイプと名前を指定

現れたパネルでタイプと名前を指定します。タイプは一番上にある「Userは複数のコメントsを保有します。コメントは1つのUserにしか属しません。」を選択します。項目の名前は「投稿者」としましょう。

図7-20：テーブルのタイプと名前を指定する。

図7-19：「データの紐付け」から「Users」を選ぶ。

「コメント」テーブルが完成

「コメント」のテーブルが完成しました。用意した項目を確認しておきましょう。「コメント」「投稿」「投稿者」の3つの項目が用意されています。

図7-21：「コメント」テーブルができた。

「Users」テーブルを修正する

これで、一通りのテーブルが用意できました。最後に、デフォルトで用意されている「Users」テーブルを開いて内容を確認しておきましょう。

デフォルトの項目の他に、「投稿」「投稿」「コメント」と3つの項目が追加されているのがわかります。これらは、「投稿」「コメント」テーブルから「Users」テーブルに連携した項目を保管するために自動生成されたものです。

図7-22：「Users」テーブルには3つの連携項目が追加されている。

「投稿」の名前を変更する

このまま使ってもいいのですが、「投稿」という項目が2つあるのは紛らわしいので、片方を変更しておきましょう。下側の「投稿」をクリックして編集パネルを開き、名前を「いいね」に変更してください（2つ「投稿」がありますが、タイプに「Many To Many 投稿」と表示されるものを変更します。「Has Many 投稿」とタイプが表示されるものは変更しないでください）。

これで、データベースの設計は完了です。「キャンバス」「データ」の切り替えを「キャンバス」にして、UIの編集画面を開きましょう。

 →

図7-23：「投稿」の名前を「いいね」に変更してテーブルを完成させる。

「ホーム」に投稿リストを表示する

UIでは、デフォルトで「アカウント登録」「ログイン」「ホーム」の3つのページが用意されています。「アカウント登録」と「ログイン」は、デフォルトのまま使うことにしましょう。「ホーム」は、ログインすると最初に表示されるページでしたね。ここに投稿の一覧リストを表示することにします。

では、「エレメント」タブから「アウトプット」にある「カスタム」エレメントをドラッグ＆ドロップしてページに配置しましょう。「カスタム」は、表示する内容を自分で作成できるリストでしたね。

図7-24：「カスタム」エレメントを配置する。

エレメント名とデータベースを選択する

「カスタム」を配置したら、「エレメント」タブで名前を「投稿リスト」と変更しておきます。そして「カスタム」の項目を開き、「データベースの選択」から「投稿」を選びます。

図7-25：「カスタム」を配置し、「データベースの選択」で「投稿」を選ぶ。

並び替えを指定する

データベースを選択すると、下にフィルターと並び替えの項目が現れます。「並び替え」の値を「Created Date - Newest to Oldest」に変更します。これで、最新の投稿から順に表示されるようになります。

図7-26：並び替えを設定する。

Titleを「メッセージ」にする

「カスタム」の表示内容を作成しましょう。まずはメッセージの表示です。デフォルトで配置されている「Title」と表示されているテキストを選択してください。そして、「エレメント」タブから「テキスト」のカスタムテキストアイコンをクリックし、現れたメニューから「Current 投稿」にある「メッセージ」を選びます。これで、「Current 投稿 > メッセージ」というカスタムテキストのパーツが追加されます。

図7-27：テキストに「Current 投稿 > メッセージ」を追加する。

「画像」を追加する

もう1つデフォルトで用意されている「Subtitle」のテキストは削除し、ベースとなっているシェイプの大きさを少し大きくしましょう。そして、そこに「画像」エレメントを配置します。

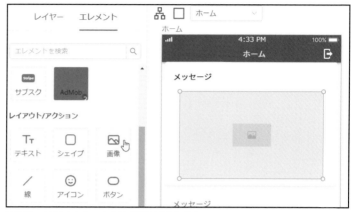

図7-28：カスタムのシェイプ内に「画像」を追加する。

画像ソースを設定する

配置した「画像」を選択し、「エレメント」タブの「画像ソース」をクリックしてメニューを呼び出します。そして、「データベース」内にある「Current 投稿」から「写真」メニュー項目を選択してください。これで、「投稿」テーブルの各レコードにある写真が表示されるようになります。

図7-29：画像ソースを設定する。

「いいね」を作る

次に、カスタムのシェイプ内に「トグル」を1つ追加しましょう。これは、「いいね」として使うためのものです。

図7-30：トグルを1つ配置する。

名前を変更する

配置したトグルの設定をしていきましょう。まず「エレメント」タブを選択し、名前を「いいね」に変更します。

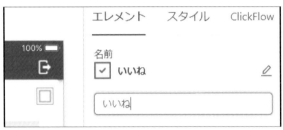

図7-31：名前を「いいね」にする。

「以下の条件で表示」を選択

続いて、「表示設定」の値を「条件により表示」に変更します。すると、下に「以下の条件で表示」という項目が追加されます。この項目の値を「Logged In User」内の「Email」に変更します。

図7-32：「表示設定」を変更し、「以下の条件で表示」を指定する。

その下にある比較のための演算子を「等しくない」に変更します。

図7-33：「等しくない」を選ぶ。

さらにその下の項目をクリックし、「Current 投稿」内の「投稿者」にある「Email」メニューを選びます。これで、「Current 投稿 > User > Email」というカスタムテキストが追加されます。

図7-34：「Current 投稿 > User > Email」を追加する。

表示設定ができた

これで、ログインしてるユーザのEmailと投稿者のEmailが同じでない場合に「いいね」が表示されるようになります。つまり、自分の投稿には表示されないようになったわけです。各項目の設定をよく確認しておきましょう。

図7-35：「表示設定」が完成した。

初期値を設定する

　「いいね」トグルの初期値を指定します。「Current 投稿」内の「いいね」から「Includes Loggd In User?」というメニュー項目を選んでください。これで、表示している「投稿」レコードの「いいね」の値にログインユーザが含まれていれば、「いいね」がアクティブな状態で表示されるようになります。

図7-36：初期値を設定する。

アイコンを選択する

　「アクティブ時のアイコン」と「非アクティブ時のアイコン」をそれぞれ選択します。アクティブ時というのは「いいね」が押された状態で、非アクティブ時は押されていない状態です。それぞれで表示するアイコンを指定しておきましょう。

図7-37：2つのアイコンを設定する。

アイコンカラーを設定する

　「スタイル」タブを選択し、「アクティブ時の色」「非アクティブ時の色」で、それぞれ「いいね」されたときとされていないときのアイコンの色を設定しましょう。

図7-38：アイコンの色を設定する。

「いいね」のClickFlowを作成する

作成した「いいね」のトグルにClickFlow
による処理を作成しましょう。「ClickFlow」
タブを選択すると、「アクティブ時の動作」「非
アクティブ時の動作」「トグルアイコンをク
リック時の動作」といったClickFlowの項目
が用意されています。

まずは「アクティブ時の動作」からです。こ
れは「いいね」をクリックしてONにしたとき
の処理になります。「ClickFlowの追加」から
「更新」内にある「Current 投稿」メニュー項
目を選択します。これは、この「いいね」が
ある「投稿」テーブルのレコードを更新する
ものです。

図7-39：「アクティブ時の動作」に「更新」ClickFlowを追加する。

投稿更新を設定する

追加された「投稿更新」をクリックして開くと、「データの選択」で
「Current 投稿」が指定され、「投稿」テーブルの項目がその下に表示
されます。ここに更新したい値を追加すれば、その項目の値を変更で
きます。

図7-40：「投稿更新」の内容。

「いいね」にユーザを追加

　この「投稿更新」に表示されている「いいね」の項目をクリックし、現れたメニューから「Add」内にある「Logged In User」メニュー項目を選択しましょう。これで、ログインしているユーザのUsersレコードが「いいね」に追加されます。

図7-41：「いいね」で「Add」「Logged In User」メニューを選ぶ。

非アクティブ時の動作を追加

　続いて、「非アクティブ時の動作」を作成しましょう。「ClickFlowの追加」をクリックし、「更新」内の「Current 投稿」メニュー項目を選びます。

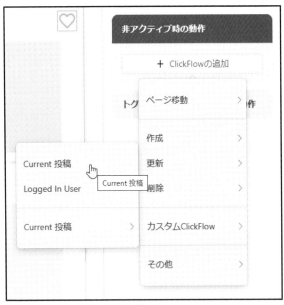

図7-42：非アクティブ時の動作を追加する。

「いいね」からユーザを削除

「投稿更新」の「いいね」のメニューから、「Remove」内にある「Logged In User」メニュー項目を選びます。すると、ログインしているユーザのUsersレコードが「いいね」から削除されます。これで、「いいね」ボタンが完成しました！

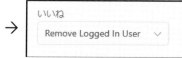

図7-43：「いいね」で「Remove」「Logged In User」メニューを選ぶ。

「投稿」ページを作る

次は、メッセージを投稿するページを用意しましょう。まずは、投稿に移動するボタンから用意します。今回は「ホーム」にある「トップ」エレメントのアイコンを使います。

配置されている「トップ」エレメントを選択し、「エレメント」タブから「右アイコン1」のスイッチをONにします。これで、トップの右側に2つのアイコンが表示されるようになります。

この「右アイコン1」のアイコンを適当なものに変更しておきます。メッセージを投稿することがイメージできるようなものを選択してください。

図7-44：トップの「右アイコン1」をONにし、アイコンを設定する。

ClickFlowで新規ページを作る

　「ClickFlow」タブを選択し、「右アイコン1」の「ClickFlowの追加」から「ページ移動」内の「新規ページ」メニュー項目を選択しましょう。現れたパネルで名前を「投稿」とし、「白紙のページ」を選択してページを作成します。

図7-45：「新規ページ」ClickFlowで「投稿」ページを作成する。

トップを配置する

　ページができたら、「トップ」エレメントを追加しておきましょう。追加するとタイトルは「投稿」に設定されます。

図7-46：「トップ」を配置する。

左アイコンに「戻る」を設定

　「ClickFlow」タブを選択してください。そして、「左アイコン」の「ClickFlowの追加」から「ページ移動」内の「戻る」メニューを選びます。これで、左アイコンで前のページに戻れるようになりました。

図7-47：左アイコンに「戻る」を設定する。

投稿フォームを追加する

作成したページに、「フォーム」エレメントを追加しましょう。名前は「投稿フォーム」としておきます。

図7-48：ページにフォームを追加する。

フォームにデータを設定する

「エレメント」タブの「フォーム」設定項目をクリックして開き、「データを選択してください」の値を「投稿」に変更します。そして、「動作を選択してください」の値を「データの追加 投稿」にします。これで、「投稿」に新たにレコードを追加するフォームに設定されました。

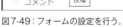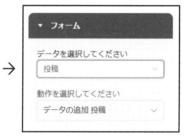

図7-49：フォームの設定を行う。

「写真」の設定を行う

「エレメント」タブの「項目」をクリックして内容を表示します。ここにフォームの項目の設定が用意されています。この中の「写真」をクリックして開き、「画像ソース」を「撮影のみ」に変更します。これで、スマートフォンなどではカメラが起動して撮影するようになります。

図7-50：「写真」の画像ソースを設定する。

自動入力項目を追加

　その下の「自動入力項目」にある「自動入力項目の追加」ボタンをクリックして「投稿者」を追加し、値を「Logged In User」に変更します。これで、ログインしたユーザが自動的に投稿者に設定されます。

図7-51:自動入力項目を追加する。

送信ボタンを修正

　「送信ボタン」の設定項目をクリックして開きます。そして、「テキスト」を「投稿する」に変更しておきます。これで、フォームの項目は完成です。

図7-52:送信ボタンのテキストを変更する。

ClickFlowを追加する

　続いて、フォーム送信時の処理を追加しましょう。「ClickFlow」タブを選択すると、デフォルトで「投稿作成」という項目が用意されています。これが、フォームで実行される基本の処理です。

　では「ClickFlowの追加」をクリックし、「ページ移動」内の「ホーム」メニューを選んで、「ホーム」に移動するClickFlowを追加してください。

図7-53:ホームに戻る処理を追加する。

「投稿内容」ページを作る

再び「ホーム」に戻ります。ホームに表示されている投稿のリストから項目をクリックすると、その投稿の内容が表示されるようにしましょう。

まずはページを作ります。投稿リストを表示している「カスタム」エレメントを選択し、「ClickFlow」タブに切り替えて「ClickFlowの追加」をクリックします。現れたメニューから「ページ移動」内の「新規ページ」メニュー項目を選びます。

ページの設定パネルが現れたら名前を「投稿内容」とし、「白紙のページ」を選択してOKしましょう。

図7-54：新しいページを「投稿内容」という名前で作る。

トップを用意する

ページが作成されたら、「トップ」エレメントを配置します。タイトルには「投稿内容」と設定されます。

図7-55：トップを配置する。

左アイコンに「戻る」を追加

配置したトップを選択してください。そして、「ClickFlow」タブから「ClickFlowの追加」をクリックします。現れたメニューから「ページ移動」内の「戻る」メニュー項目を選んでください。これで、左アイコンで前のページに戻ります。

図7-56：左アイコンに「戻る」を追加する。

メッセージ表示のテキストを追加

　投稿内容を表示するエレメントを配置していきましょう。まずは、メッセージの表示です。「テキスト」エレメントを配置し、「テキスト」の値を消去して、カスタムテキストのメニューから「Current 投稿」内の「メッセージ」メニューを選んでください。これで、投稿のメッセージが表示されます。

図7-57：テキストを配置し、メッセージを表示させる。

画像を追加

　次に、「画像」エレメントを配置します。「エレメント」タグで「画像ソース」の値をクリックし、「データベース」内の「Current 投稿」にある「写真」メニューを選んでください。これで、投稿の写真が表示されます。

図7-58：画像を配置し、画像ソースを設定する。

投稿者を表示するテキストを追加

　続いて、投稿者の表示です。「テキスト」を配置し、「エレメント」タグから「テキスト」の値をクリアして、カスタムテキストの「Current 投稿」内にある「投稿者」内の「Username」メニューを選んで追加しましょう。

図7-59：テキストに「Current 投稿 > User > Username」を追加する。

メールアドレスを表示するテキストを追加

　投稿者のメールアドレスの表示です。「テキスト」を配置し、「エレメント」タグから「テキスト」の値をクリアして、カスタムテキストの「Current 投稿」内にある「投稿者」内の「Email」メニューを選びます。

図7-60：テキストに「Current 投稿 > User > Email」を追加する。

投稿日時を表示するテキストを追加

　投稿した日時の表示です。「テキスト」を配置し、「エレメント」タグから「テキスト」の値をクリアして、カスタムテキストの「Current 投稿」内にある「Created Date」メニューを選んで追加してください。

図7-61：テキストに「Current 投稿 > Created Date」を追加する。

コメントの表示を作成する

投稿に付けられたコメントを
表示するためのエレメントを用
意しましょう。「ベーシック」を
追加してください。名前は「コ
メント」としておきます。

図7-62：ベーシックを1つ追加する。

ベーシックを設定する

「エレメント」タブの「ベーシック」をクリックして開きます。「デー
タベースの選択」から「コメント」を選び、「フィルター」には「Current
投稿 > コメント」を選択します。これで、投稿に付けられたコメン
トがベーシックに設定されます。

その下の「並び替え」は「Created Date - Newest to Oldest」を
選んで、新しいものから順に表示されるようにしましょう。

図7-63：ベーシックの設定を行う。

タイトルを設定する

では、ベーシックの項目に表示する内容を設定しましょう。まずは
「タイトル」です。設定項目にある「テキスト」のカスタムテキストか
ら「Current コメント」内の「コメント」を選択しましょう。

図7-64：タイトルのテキストを設定する。

サブタイトルを設定する

　続いて、サブタイトルです。「エレメント」タブの「サブタイトル」をクリックして開き、「テキスト」のカスタムテキストから「Currentコメント」内の「投稿者」にある「Username」を選択します。これで、コメントした人の名前が表示されます。

図7-65：サブタイトルを設定する。

投稿内容の完成!

　以上で、「投稿内容」のページが完成です。エレメントの数も多いので、間違えないようによく確認しましょう。

図7-66：完成した「投稿内容」のページ。

コメント投稿ダイアログの作成

　次に、コメントを投稿するためのダイアログを作りましょう。「写真」をクリックしたら開くようにします。「写真」の画像エレメントを選択し、「ClickFlow」タブの「ClickFlowの追加」から「ページ移動」内にある「新規ページ」メニューを選びます。現れたパネルで名前を「コメント投稿」とし、「モーダル」を選択してOKしてください。

図7-67：新しいページをモーダルで作る。

モーダルページが作成される

新しいモーダルのページが作られます。ここに、コメントの投稿をするためのエレメントを用意していきます。

まず、チェックマークのアイコンは必要ないので削除しておきましょう。また、2つあるテキストもここでは1つしか使わないので片方は削除しておいてください。

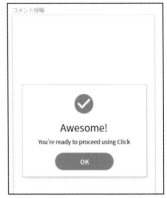

図7-68：モーダルページが作られた。

コメントのインプットを作成

配置されている「テキスト」エレメントのテキストを「コメント：」と変更し、その下に「インプット」エレメントを追加します。名前は「コメント入力」としておきましょう。

図7-69：テキストを変更し、インプットを追加する。

「OK」ボタンにClickFlowを追加する

　「OK」のボタンを選択し、「ClickFlow」タブを選びます。すでに「ページを移動」というClickFlowが用意されていますね。これはそのままにしておき、もう1つClickFlowを追加しましょう。

　「ClickFlowの追加」から「作成」内の「コメント」メニューを選んでください。

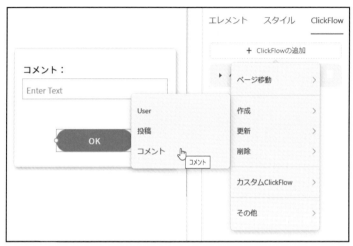

図7-70：コメント作成のClickFlowを追加する。

「コメント作成」を設定する

　「コメント作成」というClickFlowが追加されます。これをクリックして内容を表示し、「データの選択」を「コメント」に変更します。その下にコメントの各項目が表示されるので、それぞれ次のように設定してください。

図7-71：「コメント作成」の設定を行う。

コメント	カスタムテキストで「Form Inputs」内の「コメント入力」を選択します。
投稿	「Current投稿」を選択します。
投稿者	「Logged In User」を選択します。

クローズアイコンを追加する

何もしないで閉じるためのアイコンを追加しておきましょう。「アイコン」エレメントをダイアログの右上あたりに配置し、アイコンを「×」にしておきます。

図7-72：アイコンを追加する。

「戻る」ClickFlowを追加

アイコンを選択して「ClickFlow」タブを選択し、「ClickFlowの追加」から「ページ移動」内の「戻る」を選択します。これで、何もしないで戻れるようになりました。

図7-73：「戻る」ClickFlowを追加する。

「いいね」した人を一覧表示する

「内容表示」ページに戻り、もうひと工夫しましょう。この投稿に「いいね」した人を表示させてみます。これには、「タグリスト」エレメントを使うのがいいでしょう。これを配置し、「エレメント」タグから名前を「いいねリスト」としておきます。

図7-74：タグリストを配置する。

タグリストを設定する

「エレメント」タグから「タグリスト」設定項目をクリックして開きましょう。そして、「データベースの選択」から「Users」を選び、フィルターには「Current 投稿 > いいね」を指定します。これで、この投稿に「いいね」した人のUsersレコードが設定されます。

タイトルを指定する

タグリストの「タイトル」を設定しましょう。カスタムテキストから「Current User」内の「Username」を選んでください（図7-76）。これで、各タグに割り当てられるUsersレコードからUsernameの値をタイトルとして表示するようになりました。

図7-75：タグリストの設定を行う。

「お気に入り」ページを作る

最後に、「いいね」した投稿だけを表示する「お気に入り」ページを作りましょう。これは、ホームの「トップ」にある左アイコンで移動させます。「ホーム」ページを開き、トップを選択して「エレメント」タブから「左アイコン」のアイコンをわかりやすいものに変更しておきましょう（図7-77）。

図7-76：タイトルに「Current User > Username」を指定する。

図7-77：トップの左アイコンを設定する。

ClickFlowで新規ページを作る

　「ClickFlow」タブを選択し、「左アイコン」の「ClickFlowの追加」をクリックして「ページ移動」内にある「新規ページ」メニューを選びます。現れたパネルでページの名前を「お気に入り」とし、「白紙のページ」を選択したままOKしてください。

図7-78：左アイコンにClickFlowで新規ページを追加する。

トップを追加する

　新しいページが作成されたら、「トップ」エレメントを配置してください。タイトルには「お気に入り」と自動設定されます。

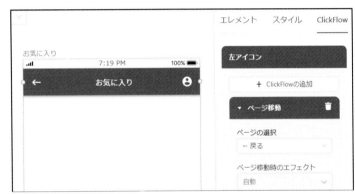

図7-79：トップを配置する。

カードを配置する

　ここでは、「カード」を使って表示をさせることにします。「カード」エレメントをページに配置してください。

図7-80：カードを配置する。

カードリストの設定

　配置したカードを選択し、「エレメント」タブから「カードリスト」の設定項目をクリックして開きます。「データベースの選択」から「投稿」を選び、「フィルター」から「Logged In User > いいね」を選択します（図7-81）。これで、「いいね」にログインしているユーザが追加されている投稿レコードが取り出されます。

タイトル・サブタイトルを設定

　カードのタイトルとサブタイトルのテキストを設定します。タイトルには「Current 投稿」の「メッセージ」を、サブタイトルには「Current 投稿」の「投稿者」の「Username」をそれぞれ設定しましょう。

図7-81：カードリストの設定をする。

図7-82：タイトルとサブタイトルのテキストを設定する。

リストの移動先を設定

　続いて、カードに表示された投稿をクリックしたら、投稿内容のページに移動するようにします。「ClickFlow」タブで「ClickFlowの追加」をクリックし、「ページ移動」内の「投稿内容」メニューを選んでください。

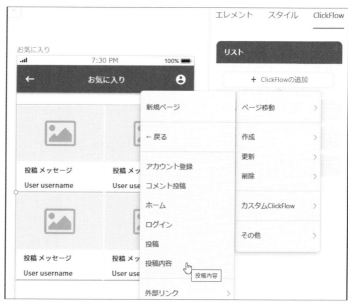

図7-83：「投稿内容」に移動するClickFlowを追加する。

連携するテーブルの利用がポイント

　さあ、これですべて完成です。実際にアプリを動かしてメッセージを投稿したりコメントを付けたりして動作を確認してみましょう。

　今回作成したアプリのポイントは、何と言っても「連携するテーブルの情報の使い方」でしょう。ここでは投稿のリストや「お気に入り」のリスト、そして投稿に付けられたコメントのリストなどさまざまなリストが使われています。そして、それぞれのリスト内では「Current 〇〇」という形で各リストの項目に割り当てられるレコードがカスタムテキストで扱えるようになっています。このあたり、「どの項目にどういう値が取り出されているのか」をしっかり把握できるようになりましょう。

　また、投稿の「いいね」の表示や、「お気に入り」で自分が「いいね」した投稿だけ表示するなど、フィルターを使って必要なレコードだけを的確に取得する方法もきっちり身につけておきたいテクニックでしょう。今回、作成したアプリで使っているフィルター設定などをよく確認して、働きをきちんと理解しておきましょう。

Chapter
7

7.2.

ミニオンラインショップ

オンラインショップアプリについて

　Clickがその他の多くのノーコードツールと大きく異なっている点の1つに、「収益化の手段の提供」が挙げられるでしょう。Clickでは標準でStripeなどのオンライン決済サービスのエレメントを持っており、簡単に決済を行えるようになっています。さまざまな商品やサービスを販売するアプリもClickで作ることができるのです。

　ここでは、その簡単なサンプルを作成してみましょう。一般的な商品リストを表示し、そこから欲しい物をカートに入れてStripeで決済する、というシンプルなショップアプリです。

　アプリでは、最初にアカウント登録の画面が現れます。このアカウント登録とログインのページはアプリにデフォルトで用意されているものを利用していますが、少しだけ表示が違います。アカウント登録ではメールアドレスや名前の他、住所や電話番号なども入力するようにしています。オンラインショップという性質を考えると、送り先の住所や連絡する電話番号は必須と言えるでしょう。

図7-84：アカウント登録画面では住所や電話番号も入力する。

商品リストの表示

　ログインすると表示されるホームには、商品のリストが表示されます。商品名と価格とイメージ写真が表示されます。

図7-85：ホームでは商品リストが表示される。

　ここからよく見たい商品をクリックすると、商品の詳細情報が表示されるページが開かれます。ここで商品名、販売元、価格、そして商品説明といったものが表示されます。また「カートに入れる」ボタンがあり、これをクリックすると商品をカートに入れます。

図7-86：商品情報のページ。「カートに入れる」ボタンでカートに追加する。

カート機能

　ホームや商品情報のページの右上に見えるカートのアイコンをクリックするとカートに移動します。そこで、カートに入れた商品のリストが表示されます。商品の右側にはチェックマークがあり、これをクリックすると、その商品をカートから取り除けます。

　カートの商品を購入する場合は、下部にあるカード情報の欄にカード番号などを記入して「支払う」ボタンをクリックれば、Stripeに連結して支払い処理が行われます。

図7-87：カートに入れた商品リスト。「支払う」ボタンで支払いを行える。

購入履歴

　カートの上部には履歴のアイコンがあります。これをクリックすると、注文履歴のページに移動します。ここでは、注文のリストが表示されます。

図7-88：注文の履歴が表示される。

この履歴から項目をクリックすると、その注文の内容が表示されます。注文した商品がリスト表示され、どんなものを購入したのかわかるようになっています。

図7-89：注文内容が表示される。

アプリを作成する

では、実際にアプリを作っていきましょう。Clickのホームから「新しいアプリを作ろう」のリンクをクリックするか、あるいは編集画面の左上に見えるアプリ名のメニューから「新規アプリを作成」を選んで新しいアプリを作成してください。

作成するプロジェクトは「本番用」を指定し、名前は「サンプルショップ」にしておきます。

図7-90：「サンプルショップ」という名前でアプリを作る。

「Users」テーブルの修正

新しいアプリの編集画面を開いたら、「キャンバス」「データ」の切り替えで「データ」に表示を切り替えてください。まずはデータベースの作成から行います。デフォルトでは「Users」テーブルが1つあるだけですね。顧客管理は、このUsersをそのまま使うことにします。

図7-91：「データ」画面では、「Users」テーブルが1つだけ表示される。

Usersの項目を日本語にする

今回は、顧客情報をけっこう利用することになるため、わかりやすいように項目を日本語に変えておきましょう。ここでは、次のように変更しておきました。

- Email → メールアドレス
- Password → パスワード
- Username → ニックネーム
- Full Name → 本名

図7-92：英語の項目名を日本語に変更する。

「住所」項目を追加する

「項目を追加」から「テキスト」を選び、現れたパネルで名前を「住所」として新しい項目を追加します。

図7-93：「住所」の項目を追加する。

「電話番号」項目を追加する

同様にして、「テキスト」のタイプの項目を追加します。名前は「電話番号」としておきます。

* タイプ

テキスト

* 名前

電話番号

図7-94：「電話番号」の項目を追加する。

「商品」テーブルの作成

　Usersテーブルの準備ができたら、アプリで使うテーブルを作成しましょう。まずは、商品を管理するテーブルからです。

　「テーブルを追加」ボタンをクリックし、現れたパネルで名前を「商品」と入力してOKしてください。

図7-95：「商品」テーブルを作成する。

Nameを変更する

　作成された「商品」テーブルを選択します。中にはデフォルトの項目「Name」が表示されているでしょう。この項目をクリックして編集パネルを開き、名前を「商品名」に変更します。

図7-96：Nameの名前を「商品名」にする。

テーブルに項目を追加する

　「商品」テーブルに項目を追加していきましょう。ここではデフォルトである「商品名」の他に、次のような項目を用意します。

- 販売元（テキスト）
- 価格（数値）
- 商品説明（テキスト）
- 写真（画像）

　テーブルができたら、サンプルのデータをいくつか追加してみましょう。

図7-97：「商品」テーブルに必要な項目を追加する。

「注文」テーブルの作成

続いて、注文情報をまとめて管理する「注文」テーブルを作りましょう。「テーブルを追加」ボタンをクリックしてパネルを呼び出し、「注文」と名前を付けて作成してください。

図7-98：「注文」という名前でテーブルを作る。

Nameの名前を「表示名」にする

作成された「注文」テーブルを開き、「Name」の項目をクリックして変更します。ここでは「表示名」としておくことにします。

図7-99：Nameの値を「表示名」に変更する。

「Users」と連携する項目を作る

「注文」テーブルでは、誰の注文かを指定するための項目が必要です。「項目を追加」から「データの紐付け」内にある「Users」を選んでください。現れたパネルで、タイプに一番上の「Userは複数の注文sを保有します。注文は1つのUserにしか属しません。」という項目を選択してください。名前は「注文者」とします。

図7-100：「User」と連携する「注文者」項目を追加する。

「商品」と連携する項目を作る

　続いて、注文する商品を指定するための項目を用意しましょう。「項目を追加」から「データの紐付け」内の「商品」を選びます。現れたパネルで、タイプの一番下の「注文は複数の商品sを保有します。商品は複数の注文sを保有します。」を選択してください。そして名前に「注文商品」と記入し、「追加」ボタンで項目を追加します。

図7-101：「商品」と連携する「注文商品」項目を追加する。

「注文日時」項目を追加する

　もう1つ、項目を追加しましょう。「項目を追加」から「日時」を選び、「注文商品」という名前で項目を追加してください。

図7-102：「注文商品」項目を追加する。

「注文」テーブルの完成

これで、「注文」テーブルが用意できました。全部で「表示名」「注文者」「注文商品」「注文日時」といった項目が用意されています。

図7-103：「注文」テーブルが完成した。

「Users」にカートを追加する

一通りテーブルが用意できたところで「Users」テーブルに戻り、作成したテーブルと連携する項目を追加します。「項目を追加」から「データの紐付け」内にある「注文」を選びます。現れたパネルで、連携の種類として一番上にある「注文は複数のUsersを保有します。Userは1つの注文にしか属しません。」という項目を選びます。名前は「カート」として追加してください。

図7-104：「カート」の項目を作成する。

「Users」テーブルの完成

　以上で、「Users」テーブルも完成しました。テーブルの内容を見ると、かなり項目が増えているのがわかります。テーブルに追加したものだけでなく、連携により自動作成された「注文」項目も追加されています。

　これで、「データ」での作業は完了です。「キャンバス」をクリックしてUIの編集画面に表示を切り替えましょう。

図7-105：「Users」テーブルが完成した。

「アカウント登録」のフォーム修正

　まず最初に行うのは、「アカウント登録」ページの修正です。このページにはフォームが1つ配置されています。ここに表示される項目を追加しましょう。

　フォームを選択し、「エレメント」タブから「項目」設定項目をクリックして開いてください。デフォルトでは「メールアドレス」「パスワード」「ニックネーム」の3項目だけが用意されています。

図7-106：フォームの「項目」を表示する。3つの項目が用意されている。

表示項目の追加

「表示項目の追加」から、それ以外の項目「本名」「住所」「電話番号」を追加します（「カート」は追加しないでください）。（図7-107）

ClickFlowを開く

続いて、ClickFlowを追加します。「ClickFlow」タブを選択すると、デフォルトで「登録」と「ページ移動」が作成されています（図7-108）。これらはそのまま利用しますが、これ以外にもやるべきことがあります。

図7-107：表示項目を追加する。

図7-108：フォームのClickFlowを開く。

「作成」ClickFlowを追加する

「ClickFlowの追加」をクリックし、「作成」内から「注文」メニュー項目を選びます。

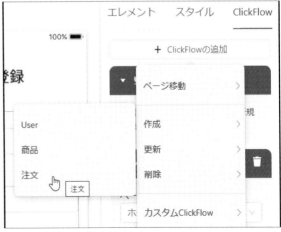

図7-109：「作成」から「注文」を選択する。

「注文作成」を設定する

「注文作成」というClickFlowの項目が追加されます。これをクリックして展開し、以下の2箇所を修正してください。

- 「表示名」に、カスタムテキストから「Logged In User」内の「ニックネーム」メニューを選んでカスタムテキストを追加し、さらに「さんのカート」とテキストを付け足します。
- 「注文書」の値を「Logged In User」に変更します。

図7-110:「注文作成」の設定を行う。

「Logged In User」を更新する

続いて、「ClickFlowの追加」から「更新」内にある「Logged In User」メニュー項目を選びます。

図7-111:「更新」から「Logged In User」を選ぶ。

「User更新」を設定する

　「User更新」というClickFlowの項目が追加されます。これをクリックして内容を表示し、「カート」の値を「New 注文」に変更します。これで、アカウント登録すると新しい「注文」レコードがカートに設定されるようになりました。

図7-112：「カート」の値を「New 注文」にする。

「ホーム」を作成する

　次に、「ホーム」ページの作成をしましょう。ここに「カスタム」エレメントを1つ配置してください。名前は「商品リスト」としておきました。このカスタムを使って商品のリストを表示します。

図7-113：カスタムを1つ配置する。

「カスタム」の設定を行う

「エレメント」タブから「カスタム」設定項目を開き、「データベースの選択」で「商品」を選びます。フィルターは「All 商品」にしておきます。これで、すべての商品がリストに表示されるようになります。

図7-114：「カスタム」の設定を行う。

タイトルを設定する

カスタムのエレメントを作成していきます。まず、「Title」と表示されているテキストを選択してください。そして「テキスト」の値をクリアし、カスタムテキストアイコンをクリックして「Current 商品」内の「商品名」を選択します。これで、商品名が表示されるようになりました。

図7-115：タイトルのテキストに商品名を表示する。

サブタイトルを設定する

「Subtitle」と表示されているテキストを選択して「テキスト」の値をクリアし、カスタムテキストアイコンから「Current 商品」内の「価格」を選択します。これで、商品の価格が表示されるようになりました。

図7-116：サブタイトルに価格を表示する。

画像を配置する

　続いて、「画像」エレメントをカスタムのシェイプ内に配置してください。画像はけっこう大きいので、あらかじめシェイプの大きさを調整してから配置するとよいでしょう。

図7-117：画像を配置する。

画像ソースを設定する

　配置した「画像」エレメントを選択し、「エレメント」タブから「画像ソース」の値を「データベース」内の「Current 商品」にある「写真」に変更します。これで、商品の写真が表示されるようになりました。

図7-118：画像ソースを設定する。

ClickFlowで新しいページを作る

　カスタムにClickFlowを追加します。「ClickFlow」タブを選択し、「ClickFlowの追加」から「ページ移動」内の「新規ページ」メニュー項目を選んでください。現れたパネルで名前を「商品情報」と変更します。そのまま「白紙のページ」が選択された状態で「OK」ボタンをクリックし、新しいページを作ります。

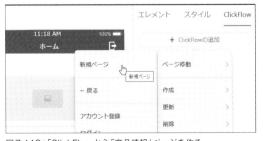 

図7-119：「ClickFlowから「商品情報」ページを作る。

「商品情報」ページを作る

新たに「商品情報」ページが作成されました。このページを作成していきましょう。まずは「トップ」を配置してください。

図7-120：トップを1つ配置する。

左アイコンに「戻る」を追加

「ClickFlow」タブを選択し、「左アイコン」の「ClickFlowの追加」から「ページ移動」内の「戻る」を選択します。これで、左アイコンをクリックすると前のページに戻るようになりました。

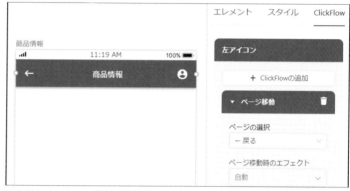

図7-121：左アイコンに「戻る」を追加する。

商品名と価格を表示する

ページにエレメントを配置していきましょう。まずは、2つの「テキスト」エレメントを追加してください。それぞれの「テキスト」の値に、「Current 商品」内にある「商品名」と「価格」を設定します。

図7-122：2つのテキストに「商品名」と「価格」を表示する。

販売元を追加する

　さらに、3つ目の「テキスト」エレメントを追加します。これのテキストには「Current 商品」の「販売元」を追加しておきましょう。

図7-123：3つ目のテキストに「販売元」を設定する。

画像を追加する

　「画像」エレメントを追加し、「画像ソース」の値を「Current 商品」内の「写真」に変更します。

図7-124：画像を追加し、画像ソースを設定する。

商品説明を追加する

　さらに下に「テキスト」エレメントを追加し、テキストの値にカスタムテキストから「Current 商品」の「商品説明」を追加します。

図7-125：テキストに商品説明を追加する。

「カートに入れる」ボタンの作成

　続いて、ページにボタンを1つ配置しましょう。テキストは「カートに入れる」としておきます。これをクリックしたら、商品をカートに入れるようにします。

図7-126:「カートに入れる」ボタンを追加する。

「更新」ClickFlowを追加

　「ClickFlow」タブに切り替え、「ClickFlowの追加」から「更新」内の「Logged In User」にある「カート」メニュー項目を選択します。

図7-127:「更新」→「Logged In User」→「カート」と選択する。

注文更新を設定

「注文更新」という項目が追加されます。これを選択し、「注文商品」の値を「Add」内の「Current 商品」に設定します。これで、この商品が「注文商品」に追加されるようになりました。

図7-128:「注文商品」に「Current 商品」を選択する。

「戻る」ClickFlowを追加

「ClickFlowの追加」から「ページ移動」内の「戻る」メニュー項目を選びます。これで、前のページに戻るようになりました。

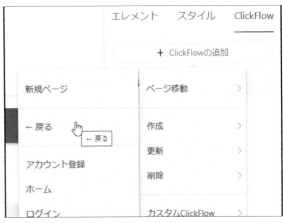

図7-129:「戻る」ClickFlowを追加する。

トップの右アイコンにClickFlowを追加

「トップ」の右アイコン2をクリックしたら、カートに移動するようにしましょう。「ClickFlow」タブで、「右アイコン2」の「ClickFlowの追加」から「ページ移動」内の「新規ページ」を選びます。そして、「カート」という名前で新しい白紙のページを作りましょう。なお、トップの右アイコンは、カートのアイコンなどに変更しておくとよいでしょう。

図7-130:ClickFlowの「新規ページ」で「カート」ページを作る。

「カート」ページの作成

新たに「カート」ページが作成されました。このページを作りましょう。まずは、「トップ」の配置です。配置したら、「ClickFlow」で左アイコンに「戻る」を設定しておくとよいでしょう。

図7-131：トップを配置する。

合計金額のインプットを追加

カートの合計金額を表示するインプットを追加します。名前は「合計金額」とし、種類を「数値」にしておきましょう。

図7-132：インプットを配置し、名前と種類を設定する。

初期値を設定する

配置したインプットの「初期値」を設定します。カスタムアイコンをクリックし、次のようにメニューを選択してください。

• 「Logged In User」→「カート」→「注文商品」→「価格」→「Sum」

これでカートに入っている商品の価格の合計が表示されるようになります。

図7-133：初期値に商品の合計金額を設定する。

「ベーシック」でカートの商品を表示する

　続いて、カートの商品を表示するのに「ベーシック」エレメント」を追加します。配置したら「エレメント」タブの「ベーシック」設定項目を開き、「データベースの選択」から「商品」を選択します。

図7-134：ベーシックを配置し、データベースを選択する。

フィルターを設定する

　「フィルター」の値をクリックし、「Logged In User > カート > 注文商品」を選択します。これで、カートの商品がベーシックに設定されます。

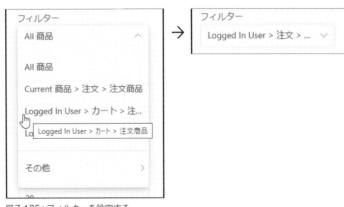

図7-135：フィルターを設定する。

タイトル・サブタイトルの設定

　ベーシックの表示を設定しましょう。「タイトル」のテキストには、「Current 商品」内の「商品名」を選択します。「サブタイトル」のテキストは、「Current 商品」の「価格」を指定します。これで、商品名と価格がリストに表示されるようになりました。

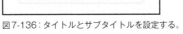

図7-136：タイトルとサブタイトルを設定する。

右セクションを表示する

「ベーシック」には「右セクション」という項目があります。これをONにすると、リストの右側にアイコンなどが表示できるようになります。「タイプ」を「アイコン」にし、チェックマークのアイコンが表示されるようにしましょう。

図7-137：右セクションにチェックマークのアイコンを表示する。

右セクションに「更新」ClickFlowを追加

右セクションの処理を作りましょう。「ClickFlow」タブを選択し、「右セクション」内の「ClickFlowの追加」から「更新」内の「Logged In User」にある「カート」メニュー項目を選択します。

図7-138：右セクションに「更新」のClickFlowを追加する。

注文商品から商品を削除する

追加された「注文更新」項目を開き、「注文商品」の値を「Remove」内の「Current 商品」に変更します。これで、カートの注文商品からこの商品を削除します。

図7-139：「Remove」内の「Current 商品」を選択する。

エレメントの値変更

続いて、「ClickFlowの追加」から「その他」内の「エレメントの値変更」メニューを選びます。

インプットを設定する

追加された「エレメントの値変更」をクリックして開き、「インプット」の値を「合計金額」に変更します。

図7-141：「インプット」を「合計金額」にする。

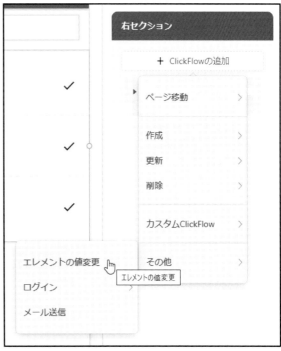

図7-140：「エレメントの値変更」ClickFlowを追加する。

値を設定する

　続いて、「エレメントの値変更」の「値」を設定します。カスタムテキストのアイコンをクリックし、次のようにメニューを選んでください。

・「その他」→「Logged In User」→「カート」→「注文商品」→「価格」→「Sum」

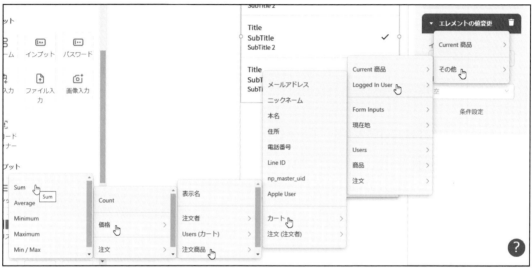

図7-142：値にカスタムテキストを設定する。

ホームからカートに移動する

　これで、「カート」ページができました。このページには「ホーム」からも移動できたほうが便利でしょう。
　「ホーム」ページを開き、「トップ」を選択してください。「エレメント」タブから「右アイコン1」をONにし、カートのアイコンを表示します。このアイコンをクリックしてカートに移動できるようにします。

図7-143：「ホーム」のトップの右アイコンをONにする。

右アイコン1に「カート」の移動を追加

では、「ClickFlow」タブを選択してください。「右アイコン1」の「ClickFlowの追加」から「ページ移動」内の「カート」メニュー項目を選びます。これで、アイコンクリックで「カート」に移動できるようになりました。

図7-144：右クリック1に「カート」ClickFlowを追加する。

カートに「支払う」を追加する

再び「カート」ページに戻ります。いよいよ支払い機能の追加です。「ペイメント」エレメントをページに配置してください。

図7-145：ペイメントを追加する。

Stripeへ接続する

「エレメント」タブの「Stripe接続」をクリックして開きます。「Stripeへ接続する」ボタンをクリックし、開かれた画面でStripeのアカウントを選択し、接続してください（Stripeにログインしていない場合は、利用するアカウントでログインしてください）。

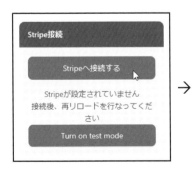 →

図7-146：Stripeに接続するアカウントを選択する。

テストモードの設定

Stripeに接続できたら、テストモードを設定しておきましょう。「Turn on test mode」ボタンをクリックし、テストモードの公開可能キーとシークレットキーを順に入力してテストモードをONにしてください。

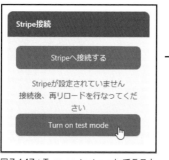

図7-147：Turn on test modeでテストモードの公開可能キーとシークレットキーを設定する。

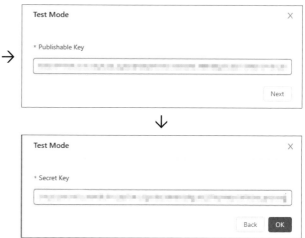

メールアドレスの設定

「メールアドレス」の設定項目をクリックして開きます。そして「購入者のメールアドレス」の値を、カスタムテキストから「Logged In User」内の「メールアドレス」を選択して追加します。

支払い金額の設定

「支払い金額」の設定項目を開き、「支払い金額」の値をカスタムテキストから次のように選択します。

• 「Logged In User」→「カート」→「注文商品」→「価格」→「Sum」

図7-148：購入者のメールアドレスを設定する。

図7-149：支払い金額を設定する。

決済の処理を作成する

「ClickFlow」タブを選択し、決済時の処理を作成しましょう。まずは、管理者にメールを送ります。

「決済成功時のClickFlow」にある「ClickFlowの追加」から、「その他」内の「メール送信」を選びます。

図7-150：「メール送信」ClickFlow を追加する。

メールの設定を行う

「メール送信」をクリックして開き、項目を次のように設定していきます。

図7-151：「メール送信」の各値を設定する。

メールアドレス	管理者のメールアドレスを直接記入してください。
件名	「注文」としておきます。
内容	カスタムテキストで「Logged In User」→「メールアドレス」、「Logged In User」→「カート」→「注文商品」→「価格」→「Sum」、「日時」→「Current Time」などを追加します。

カードを更新する

「ClickFlowの追加」から、「更新」内の「Logged In User」にある「カート」メニュー項目を選択します。

図7-152:「更新」から「カート」を選ぶ。

「注文更新」を設定する

「注文更新」という項目が追加されます。これを開き、以下の2つの項目に値を設定します。

図7-153:「注文更新」の設定をする。

表示名	「Logged In User」→「ニックネーム」を追加し、その後に「さんの注文」と追記します。
注文日時	「Current Time」を追加します。

注文を作成する

続いて「ClickFlowの追加」から、「作成」内の「注文」メニュー項目を選択します。

図7-154：「作成」内の「注文」を選択する。

「注文作成」を設定する

追加された「注文作成」をクリックして開き、以下の2項目を設定します。

表示名	「Logged In User」→「ニックネーム」を追加し、その後に「さんのカート」と追記します。
注文者	「Logged In User」を選択します。

Userを更新する

続いて、Usersレコードを更新します。「ClickFlowの追加」から「更新」内の「Loggedn In User」メニュー項目を選びます。

図7-155：「注文作成」を設定する。

図7-156：「更新」内の「Logged In User」を選択する。

「User更新」を設定する

「User更新」という項目が追加されます。この項目を開き、下のほうにある「カート」の値を「New 注文」に変更します。

これで、決済時の処理は完成です。ここでは決済が成功したか確認したいので移動はしないでおきますが、この後に「ページ移動」で「ホーム」などへの移動を追加してもいいでしょう。

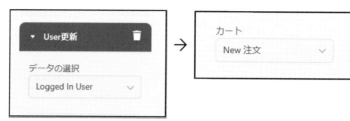

図7-157：「カート」の値を変更する。

注文履歴を作る

カートから注文履歴に移動できるようにしましょう。カートの「トップ」を選択し、「エレメント」タブから「右アイコン1」をONにしてください。そして、わかりやすいアイコンを表示させておきましょう。

図7-158：トップの右アイコン1をONにする。

ClickFlowから「注文履歴」ページを作る

「ClickFlow」タブに切り替え、「ClickFlowの追加」から「ページ移動」内の「新規ページ」メニュー項目を選びます。現れたパネルで「注文履歴」と名前を記入し、白紙のページを作成しましょう。

 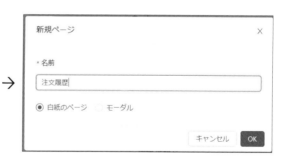

図7-159：新規ページで「注文履歴」ページを作る。

トップを配置する

ページができたら、「トップ」を配置しましょう。左アイコンには「戻る」ClickFlowを追加しておくとよいでしょう。

図7-160：トップを配置する。

「ベーシック」を配置する

　ページに、「ベーシック」を配置しましょう。名前は「注文リスト」としておきます。

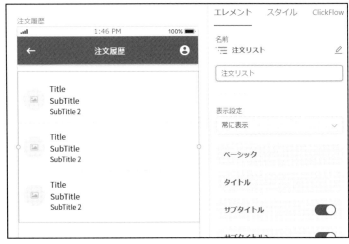

図7-161：ベーシックを配置する。

ベーシックの設定をする

　配置したベーシックを選択し、「エレメント」タブから「ベーシック」の設定をします。「データベースの選択」では「注文」を選択し、「フィルター」に「Logged In User ＞ 注文（注文者）」を指定します。これで、ログインしているユーザの注文がベーシックに設定されました。

図7-162：ベーシックのデータベースとフィルターを設定する。

タイトル・サブタイトルを設定

　ベーシックの表示を設定します。「タイトル」のテキストには、「Current 注文」の「表示名」を指定します。「サブタイトル」のテキストには、「Current 注文」の「注文日時」を指定します。

図7-163：タイトルとサブタイトルを指定する。

注文内容を作る

注文リストから、クリックすると注文内容を表示するページに移動させましょう。「ClickFlow」タブに切り替え、「リスト」の「ClickFlowの追加」から「ページ移動」内の「新規ページ」メニュー項目を選びます。パネルが現れたら名前を「注文内容」とし、白紙のページで作成してください。

図7-164：「リスト」に「新規ページ」ClickFlowを追加する。

トップを追加する

新しいページができたら、「トップ」を配置しましょう。左アイコンには「戻る」ClickFlowを追加しておくといいでしょう。

図7-165：「トップ」を配置する。

「ベーシック」を追加する

「ベーシック」をページに配置しましょう。名前は「注文商品リスト」としておきます。

図7-166：「ベーシック」を配置する。

「ベーシック」の設定

　「エレメント」タブから「ベーシック」をクリックして開き、設定を行いましょう。「データベースの選択」は「商品」を選び、「フィルター」には「Current 注文 > 注文商品」を選択します。これで、選択した注文の商品がベーシックに設定されます。

図7-167：「ベーシック」の設定を行う。

表示を設定する

　ベーシックの表示を設定します。それぞれの項目を次のように設定してください。

タイトル	テキストを「Current 商品」内の「商品名」にします。
サブタイトル	テキストを「Current 商品」内の「価格」にします。
左セクション	タイプを「画像」に変更し、画像ソースを「Current 商品 > 写真」にします。
サブタイトル2, 右セクション	OFFにします。

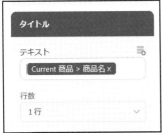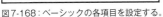

図7-168：ベーシックの各項目を設定する。

これより先は？

　これで、サンプルショップのアプリは完成です。といっても、「商品をカートに入れて注文する」という必要最低限の機能しかありません。基本的な部分ができたら、後はこれをベースにいろいろと機能を付け足していくとよいでしょう。例えば、次のような機能です。

アカウント情報の編集ページ

　アプリではアカウント登録の際に基本的な情報を入力しますが、後で修正することができません。アカウントの編集ページを用意して、いつでもアカウント情報を修正できるようにしておくといいでしょう。

管理者との連絡

このアプリでは「支払う」ボタンですぐに支払いを行うため、その後の発送状況などを確認できたほうが親切ですね。例えば「発注」テーブルに進行状況の項目を追加して、それで「準備中」「出荷済み」などを表示できるようにしておくといいでしょう。

メッセージ送受

問い合わせや注文のキャンセル等、管理側に連絡をしたいこともあります。また、発送までに何かトラブルが起きたりしたらユーザに連絡する必要もあるでしょう。簡単なメッセージのテーブルを用意し、ユーザに作業の進行状況などを送れるようにしておけば対応がしやすくなります。

管理者用アプリも?

今回作ったのは顧客向けのアプリのため、管理者側の機能はありません。したがって注文があれば、管理者は「注文」テーブルから内容を確認して発送作業をしないといけません。管理者側の専用アプリも作って、注文の確認や発送のチェックなどを行えるようにするとさらに便利ですね!

Clickでは、すでに作成しているアプリとデータを共有する形で新しいアプリを作ることができます。アプリの編集画面で上部にある「設定」ボタンをクリックすると、設定のパネルが現れます。その左下に「アプリのコピー」というボタンが用意されています。

図7-169:「管理」パネルにある「アプリのコピー」ボタン。

このボタンをクリックし、現れたパネルで「データベースを共有する」を選択します。これでOKすると、このアプリとデータベースを共有する新しいアプリが作られます。このアプリをベースに管理者用のアプリを作成すればいいでしょう。

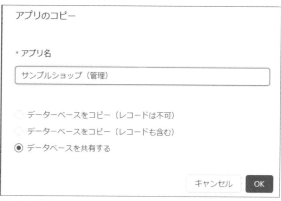

図7-170:「データベースを共有する」を選んでアプリを作成する。

アプリ作成に慣れたらオリジナルに挑戦!

ここでの2つのアプリを実際に作り、それをベースにいろいろと機能を強化してみれば、アプリ作成がどのようなものか感覚的にわかってくるでしょう。そうなったら、実際に自分だけのオリジナルなアプリ作りに挑戦してみてください。

アプリ作りは、実際に作ってみないとわからないノウハウというものがあります。いくら学習しても、学習だけでは得られないものもたくさんあるのです。ある程度、知識が蓄積されたなら、ぜひ実際に自分でアプリを作ってください。作って公開し、運用してみれば、それまでの学習では得られなかった貴重な経験を積むことができるはずですよ。

では、いつの日か、皆さんが作ったアプリとどこかで出会えることを願って……。

Index

●数字

1 行表示	062
1 対 1	278
1 対多	278
1 ページビュー	032

●英語

ABS	307
AND	167
API キー	246
BOM	053
Click	016
ClickFlow	089
CRUD	136
CSV ファイル	050
Current Time	074
DX	017
Email	072
Excel	053
FLOOR	306
Formula	109、302
General API	311
Get All	313
Google Cloud Platform	241
Google Maps Platform	245
Google Translate	334
Google マップ	241
HTTP メソッド	309
INT	303、306
JSON	260、308
LOG	307

Name	042
OK ボタン	104
OR	167
RAND	306
Rapid API	311、331
REST	308
ROUND	306
SQRT	307
Stripe	262
Stripe 接続	265
Styling Wizard	258
SUBMIT	137
True/False	046
UnivaPay	262
Users	039
Users テーブル	145
UTF-8	053
Web フォント	065
Youtube	235
zipcloud	320

●あ

アカウント設定	077
アカウント登録	145
アクティブ時	297
値	040
値のタイプ	044
インプット	106
エレメント	058
エレメントタブ	030
エレメントの重なり順	063
エレメントの配置	063
円	123
エンドポイント	312
オープンダイアログ	05

●か

カード	078、187
外部データベース	308
拡大縮小	033
カスタム	198
カスタム ClickFlow	320
カスタムテキスト	071
画像	127
画像入力	129
カレンダー	220
管理画面	081
キャンバス	024、030
行間	065
計算式	302
計算式の挿入	110
検索	169
公開	035
更新	296

●さ

サブタイトル	160
シェイプ	122
自動入力	142
シャドウ	067
初期値	119
新規アプリ作成	027
新規ページ	090
スイッチ	116
数値	044
スタイル	063

●た

タイトル	159
タグリスト	292
多対多	279
タブ	134
ツアーアプリ	022
通知	083
データ	024
データベース	025、038、136
テーブル	038
テーブルの作成	042
テーブルの連携	278
テキスト	060
テキスト色	065
テキストスタイル	065
テストモード	272
統計関数	300
登録	019
トグル	114
トップ	130
ドメインの設定	080
取引	082

●な

ナビゲーション	130
並び替え	162
日時	074
塗りつぶし	065
ノーコード	014

●は

バーコード	210
バーコード作成	217
バーコードスキャナー	214
パスワード	111
バリデーション	141
非アクティブ時	297
日付	045
日付入力	118

ピン   250
ファイル入力   124
ファイルの URL   125
フィルター   163
フォーム   136
フォント   065
フォントサイズ   065
複数行表示   062
複数ページビュー   032
不透明度   088
プライマリキー   042
プレビュー   033
平均   301
ペイメント   264
ページ   057
ベーシック   155
変数   326
ホームページ   059
保存   050
ボタン   086
ボトム   132

●ま
マップ   241
メール送信   100
モーダル   102
戻る   0940

●ら
リスト   155
レイヤー   058
レイヤータブ   031
レコードのアップロード   051
レコードの削除   183
レコードの作成   039

レコードのダウンロード   049
レコードの追加   047
レコードの編集   082
レコードの編集   178
ログアウト   095
ログイン   021、095、146
ロック   041
論理型   046

●わ
枠線   066

掌田津耶乃（しょうだ つやの）

日本初のMac専門月刊誌「Mac+」の頃から主にMac系雑誌に寄稿する。ハイパーカードの登場により「ビギナーのためのプログラミング」に開眼。以後、Mac、Windows、Web、Android、iOSとあらゆるプラットフォームのプログラミングビギナーに向けた書籍を執筆し続ける。

最近の著作本：
「R/RStudioでやさしく学ぶプログラミングとデータ分析」（マイナビ）
「Rustハンズオン」（秀和システム）
「Spring Boot 3 プログラミング入門」（秀和システム）
「C#フレームワーク ASP.NET Core入門 .NET 7対応」（秀和システム）
「Google AppSheetで作るアプリサンプルブック」（ラトルズ）
「マルチプラットフォーム対応 最新フレームワーク Flutter 3入門」（秀和システム）
「見てわかるUnreal Engine 5 超入門」（秀和システム）

著書一覧：
http://www.amazon.co.jp/-/e/B004L5AED8/

ご意見・ご感想：
syoda@tuyano.com

本書のサポートサイト：
https://rutles.co.jp/download/536/index.html

装丁　米本　哲
編集　うすや

Click ではじめるノーコード開発入門

2023 年 6 月 25 日　　初版第 1 刷発行

著　者　掌田津耶乃
発行者　山本正豊
発行所　株式会社ラトルズ
〒 115-0055　東京都北区赤羽西 4-52-6
電話 03-5901-0220　FAX 03-5901-0221
https://rutles.co.jp

印刷・製本　株式会社ルナテック

ISBN978-4-89977-536-2　Copyright ©2023 SYODA-Tuyano
Printed in Japan